Michael Missalla

Berechnungsverfahren für hochbeladene Zyklone

978-3-89927-016-7

Berechnungsverfahren für hochbeladene Zyklone

Von der Fakultät für Maschinenbau
der Technischen Universität Carolo-Wilhelmina zu Braunschweig

zur Erlangung der Würde

eines Doktor-Ingenieurs (Dr.-Ing.)

genehmigte Dissertation

vorgelegt von:
Dipl.-Ing. Michael Missalla
aus Frankfurt am Main

eingereicht am: 08.10.2008
mündliche Prüfung am: 27. 03. 2009

Berichterstatter:	Prof. Dr.-Ing. M. Bohnet
	Prof. Dr. techn. R. Leithner
Vorsitzender:	Prof. Dr.-Ing. A. Kwade

2009

Michael Missalla

Berechnungsverfahren für hochbeladene Zyklone

adlibri Verlag

adlibri Hochschulschriften – Verfahrenstechnik

Die Deutsche Bibliothek – CIP-Einheitsaufnahme

Die bibliographischen Daten dieser Veröffentlichung sind in Der Deutschen Bibliothek – Deutsche Nationalbibliographie – verzeichnet und im Internet abrufbar (http://dnb.ddb.de).

adlibri Verlag GmbH & Co. KG
Postfach 13 01 91, D-20101 Hamburg
www.adlibri.de

Printed in Germany
ISBN 978-3-89927-016-7

Vorwort

Die vorliegende Dissertation entstand während meiner Tätigkeit bei der OUTOTEC GmbH Oberursel in Zusammenarbeit mit dem Institut für Chemische und Thermische Verfahrenstechnik der Technischen Universität Braunschweig.

Den Herren Dr.-Ing. Peter Weber, Dr.-Ing. Michael Ströder und Roger Bligh gilt mein besonderer Dank für das mir entgegengebrachte Vertrauen und die Möglichkeit, diese Arbeit neben meiner beruflichen Tätigkeit anzufertigen und mir entsprechende Freiräume geschaffen zu haben.

Herrn Prof. Dr.-Ing. Matthias Bohnet vom Institut für Chemische und Thermische Verfahrenstechnik gilt mein besonderer Dank für die wissenschaftliche Betreuung meiner Arbeit, das mir entgegengebrachte Vertrauen und die Möglichkeit, diese Arbeit während meiner beruflichen Tätigkeit anzufertigen.

Herrn Prof. Dr. techn. Reinhard Leithner, dem Leiter des Instituts für Wärme- und Brennstofftechnik der Technischen Universität, danke ich für die Übernahme des Koreferates.

Meinen Kolleginnen und Kollegen der OUTOTEC GmbH danke ich für ihre Unterstützung und die stets vorhandene Hilfsbereitschaft. Dadurch bot die OUTOTEC GmbH ein ideales Arbeitsumfeld für die erfolgreiche Erstellung meiner Arbeit. Insbesondere danke ich meinen Kollegen Peter Sturm und Pekka Hiltunen für die Durchführung und Unterstützung der Messungen an industriellen Zyklonen, aber auch für die kritischen Diskussionen zum Thema. Frau Dr. Lilli Sacharow gilt mein Dank für die intensiven Diskussionen, die sehr zur Entwicklung der vorgestellten Arbeit beigetragen haben. Herrn Dr. Henry Eisermann möchte ich für die Unterstützung und seine Hilfe bei der Auswertung der numerischen Simulation danken. Herrn Bernd Reeb gilt mein Dank für seine Hilfe bei der Erstellung der Grafiken sowie die konstruktiven Gespräche. Außerdem möchte ich mich für die Diskussionsbeiträge meiner Kollegen Jürgen Emmel, Bernd Kerstiens, Marcus Runkel und Dr. -Ing. Cornelis Klett sowie für die Motivation und Unterstützung innerhalb der Abteilung, in der ich mich immer wohlgefühlt habe, bedanken.

Herrn Dr. -Ing. Matthias Morweiser, danke ich für die aufgeschlossene Zusammenarbeit und die Diskussionsbereitschaft bezüglich seiner Disseration, die mir sehr beim Entstehen dieser Arbeit geholfen hat.

Herrn Prof. Dr. -Ing. Bernd Epple, dem Leiter des Fachgebiets für Energiesysteme und Energietechnik der TU Darmstadt, danke ich für die Zusammenarbeit bei der numerischen Simulation.

Herrn Univ. Prof. Dipl.-Ing. Dr. techn. Gernot Staudinger, dem Leiter des Instituts für Apparatebau, Mechanische Verfahrenstechnik und Feuerungstechnik der TU Graz, danke ich für die Überlassung der Messdaten aus der Dissertation von Dirk Hoffmann.

Für die kritische Durchsicht des Manuskripts und konstruktiven Beiträge möchte ich Herrn Dr.-Ing. Dirk Nuber, Herrn Dr.-Ing. Hans-Werner Schmidt, Herrn Pekka Hiltunen und Herrn Bernd Reeb herzlich danken.

Schließlich gilt mein Dank meiner Familie, ohne deren kontinuierliche Förderung diese Dissertation nicht möglich gewesen wäre.

Oberursel, April 2009 *Michael Missalla*

Inhaltsverzeichnis

1 Einleitung **1**

2 Stand des Wissens **3**

2.1 Begriffsdefinition 3

2.2 Strömungsverhältnisse in Zyklonabscheidern 5

2.3 Trenngradberechnung 15

2.3.1 Barth 15

2.3.2 Muschelknautz, Rentschler, Trefz und Greif 17

2.3.3 Meißner, Mothes/Löffler 21

2.3.4 Lorenz und Morweiser 23

2.3.5 Einfluss der Feststoffbeladung 37

2.4 Beeinflussung von Trenngrad und Reingasbeladung durch die Einlaufströmung 39

2.5 Berechnungen von Zyklonen mit numerischer Strömungssimulation . . 41

3 Theoretische Untersuchungen **45**

3.1 Berechnung des Geschwindigkeitsfeldes in hochbeladenen Zyklonen . . 46

3.2 Erweiterung der Abscheidebereiche des Zyklons 50

3.2.1 Zyklon mit langem Tauchrohr 52

3.2.1.1 Abscheidebereiche des Zyklons 52

3.2.1.2 Abscheidemodell des Zyklons 53

3.2.2 Zyklon mit kurzem Tauchrohr 64

3.2.2.1 Abscheidebereiche des Zyklons 64

3.2.2.2 Abscheidemodell des Zyklons 64

3.3 Berechnung des Trenngrades 75
3.4 Partikelkonzentrationen über die Zyklonhöhe 76
3.5 Vergleich des neuen Berechnungsverfahrens mit Messungen 82

4 Strömungssimulation **89**
4.1 Grundlagen 89
4.2 Ergebnisse 91

5 Berechnung hochbeladener industrieller Zyklone **99**
5.1 Messdurchführung 99
5.2 Vergleich Messungen und Rechnung 102

6 Zusammenfassung **105**

Literaturverzeichnis **107**

Abkürzungsverzeichnis

Symbol	Einheit	Erklärung
A	m^2	Fläche
b	m	Breite
c	kg/m^3	Konzentration
D	-	Drehimpulsparameter nach Meissner
d	m	Durchmesser
D_{turb}	m^2/s	Diffusionskoeffizient
Fr	-	Froudezahl
g	m/s^2	Erdbeschleunigung
H	m	korrigierte Höhe
h	m	Höhe
j	$kg/(m^2s)$	Partikelstromdichte
k	-	Exponent in der Grenzbeladungshypothese
k	m	Rauigkeit
K_i	N	zusätzlich definierbare Kräfte
k_s	m	äquivalente Sandrauigkeit
l	m	Länge
m	kg	Masse
M	Nm	Moment
$\dot{m}_\omega$	kg/s	wieder aufgewirbelter Massenstrom
$\dot{M}_{\mathcal{M}}$	kg/s	wieder aufgewirbelter Massenstrom, der den Zyklon durch das Tauchrohr verläßt
P	N	Druckkraft
p	N/m^2	Druck
Q_3	-	Partikelvolumenverteilungssumme
q_3	-	Partikelvolumenverteilungsdichte
R	-	auf den Außenradius r_a bezogen (Modell Morweiser)
r	m	Radius
r_a^*	m	fikitver Außenradius
r_i^*	m	Tauchrohrradius erweitert um Grenzschicht- und Tauchrohrdicke
Re	-	Reynoldszahl
U	-	Parameter nach Muschelknautz

Symbol	Einheit	Erklärung
u	m/s	Umfangsgeschwindigkeit / Tangentialgeschwindigkeit
v	m/s	Geschwindigkeit
V_{Zyklon}	m^3	Bauvolumen Zyklon
v_a	m/s	axiale Stirnflächengeschwindigkeit
w_i	m/s	mittlere axiale Tauchrohrgeschwindigkeit
w_{ri}	m/s	Radialgeschwindigkeit
w_s	m/s	Sinkgeschwindigkeit
W	N	Widerstandskraft
z	m	Verlaufskoordinate über die Zyklonhöhe,
		Zyklondeckel z=0
Z	N	Zentrifugalkraft
$\mathcal{M}$	-	Wiederaufwirbelungskoeffizient
$\mathcal{S}$	-	Strähnenparameter
ϵ	°	Zyklonkonuswinkel
$\dot{m}$	kg/s	Massenstrom
$\dot{V}$	m^3/s	Volumenstrom
α	-	Geometrieverhältnis
β	-	Einschnürkoeffizient
β'	-	Einschnürkoeffizient unter Berücksichtigung der Beladung
ϵ_{Str}	-	Hohlraumanteil der Strähne
η	Pa s	dynamische Visoksität
η	-	Abscheidegrade
λ	-	Wandreibungskoeffizient
λ_0	-	unbeladener Wandreibungskoeffizient
μ	-	Beladung
ω	-	Wiederaufwirbelungskoeffizient
ρ	kg/m^3	Dichte
σ	m	Grenzschichtdicke
τ	N / m^2	Schubspannung

Indizes	Erklärung
0	gesamt
A	auf Absaugdurchmesser bezogen
a	außen
d	Deckel
e	Einlauf
g	Gas
G	Grenzbeladung
Gr	Strähnenabscheidung
ges	gesamt
grob	das Grobgut betreffend
H,h	Hauptströmung
i	auf die Zylinderfläche unterhalb des Tauchrohres bezogen
k	Konus
m	mittlere
mod	modifiziert
p	Partikel
p25	Partikelgröße mit Trenngrad von 25 % bezogen auf die Masse
p50	Partikelgröße mit Trenngrad von 50 % bezogen auf die Masse
p75	Partikelgröße mit Trenngrad von 75 % bezogen auf die Masse
R	Reibung
rein	das Reingas betreffend
roh	das Rohgas betreffend
sek	Sekundärströmung
t	Trennkorn
tr	Tauchrohr
u	unten, Partikelauslass
w	Wand
wi	Wirbel
z	Zylinder
Str	Strähne
σ	Grenzschicht

Abkürzung	Erklärung
CFD	Computational Fluid Dynamics
DNS	direkte numerische Simulation
LDA	Laser-Doppler-Anemometer
LES	Large Eddy Simulation
PDA	Phasen Doppler Anemometrie
RANS	Reynolds averaged Navier Stokes
RSM	Reynoldsspannungsmodell
ZWS	Zirkulierende Wirbelschicht

1 Einleitung

„Jeder, der sich schon mal mit Zyklonen befasst hat, weiß, dass manchmal der Teufel dabei seine Hand im Spiel hat“, Prof. Dr.-Ing. Walter Barth [4].

Zyklone sind Fliehkraftabscheider, die sowohl zur Trennung von Feststoffpartikeln und Flüssigkeiten - sogenannte Hydrozyklone - als auch von Feststoffpartikeln und Gasen - sogenannte Gaszyklone - eingesetzt werden. Zwar unterscheiden sich Hydrozyklon und Gaszyklon nicht im Wirkprinzip, jedoch in der Betriebsweise. Beim Gaszyklon werden die Partikeln praktisch als Schüttgut abgeschieden, während beim Hydrozyklon mit den abgeschiedenen Partikeln immer ein beträchtlicher Flüssigkeitsstrom mit ausgeschleust werden muss, um die Feststoffsuspension fließfähig zu halten. Entsprechend unterscheiden sich die Berechnungsmethoden für Hydro- und Gaszyklone. In dieser Arbeit wird der Gaszyklon behandelt. Der Einsatz von modernen Zyklonabscheidern reicht von Schmelzzyklonen über den Einsatz in Druck-Wirbelschicht-Kraftwerken bis hin zu Haushaltsstaubsaugern. Am offensichtlichsten sind Zyklone, die sich zumeist auf den Dächern von Sägewerken befinden. Mit dem Zyklon steht ein konstruktiv einfacher Abscheider zur Verfügung, der sich durch niedrige Anschaffungskosten, geringen Platzbedarf und Wartungsaufwand, hohe Betriebssicherheit und Anwendung bei hohen Drücken, Temperaturen und Beladungen auszeichnet. Trotz seiner Einfachheit bildet sich im Zyklon eine sehr komplizierte dreidimensionale turbulente Drehsenkenströmung aus. Die Rotationsströmung im Zyklon führt zur Abscheidung von Partikeln aus dem Gas. Eine Erhöhung der Rotation führt neben der verbesserten Abscheidung zu einer Erhöhung des Druckverlustes.

Der Zyklon wird erstmalig 1886 in einem Patent der Knickerbocker Company in Jackson, Michigan, USA [14] erwähnt. Nach dieser Erfindung bestand der Zyklon nur aus einem umgedrehten nach unten offenen Hohlkegel. Die einfache Konstruktion führte zu einer raschen industriellen Verbreitung und zu weiterführenden Veränderungen wie bei Meldau [35] beschrieben. Prandtl zeigt in der Patentschrift der Vereinigten Maschinenfabrik Augsburg [33] 1901 Maßnahmen zur Verringerung des Druckverlustes von Zyklonen.

Erst 1956 gelang Barth [6] mit seiner Arbeit zur Berechnung und Auslegung von Zyklonabscheidern ein entscheidender Schritt zum Verständnis der für die Abscheidung relevanten Vorgänge. Durch die wachsenden Anforderungen an den Reinheitsgrad der Abgase haben sich seit seiner Erfindung viele Autoren um das Verständnis und die

Weiterentwicklung der Zyklontheorie bemüht. Die theoretische Weiterentwicklung wurde von verbesserten Versuchsdurchführungen begleitet. Insbesondere bei hohen Temperaturen und Drücken kann der Zyklon seine wirtschaftlichen Vorteile ausspielen. Die theoretische Beschreibung des Einflusses der Temperatur auf das Betriebsverhalten und das Strömungsfeld von Zyklonen gelang erst 1994 durch Lorenz [32]. In der weiterführenden Arbeit von Morweiser [36] konnte dieser 1998 den Einfluss des Druckes auf die Abscheidung klären. Dieses Modell ermöglichte die Auslegung und Berechnung aufgrund der geometrischen Verhältnisse und Betriebsbedingungen im Zyklon. Es gibt die mit zunehmender Temperatur abnehmende sowie die mit zunehmendem Druck ansteigende Trennleistung wieder, wobei der maßgebende Einfluss in der Temperatur zu sehen ist. Das Modell teilt den Zyklon in verschiedene Abscheidebereiche auf und ist für die Abscheidung von hochviskosen Partikeln von Sperling [57] oder für die Teilgasabsaugung am Feststoffauslauf von Gottschalk [21] erweitert worden. Die Berechnungsmodelle von Lorenz [32] und Morweiser [36] bieten den Vorteil, dass der Trenngrad analytisch berechnet werden kann. Allerdings ist es nur für geringe Beladungen validiert.

Ein weiterer Ansatz zur Berechnung von Zyklonen ist im VDI-Wärmeatlas [43] Stand 2006 zu finden. Dieses Modell teilt die Abscheidung im Zyklon in den bei steigenden Eintrittsbeladungen maßgeblichen Einfluss der Strähnenbildung am Einlauf und in die Abscheidung durch den inneren Wirbel auf. Es wurde festgestellt, dass die Tangentialgeschwindigkeit im Zyklon mit zunehmender Eintrittsbeladung stark absinkt. Jedoch wird bei diesem Modell die Wiederaufwirbelung am Zyklonaustrag komplett vernachlässigt. Zudem wird der Trenngrad durch typenabhängige Anpassung eines Parameters erhalten. Die Abscheidung in einer gegebenen Zyklongeometrie wird neben Druck und Temperatur auch von der Feststoffbeladung am Eintritt und den Feststoffeigenschaften beeinflusst. Erreicht die Feststoffbeladung am Eintritt des Zyklons die Grenzbeladung, so fallen direkt nach dem Eintritt in den Zyklon Partikeln aus und werden entlang der Wand als Strähne nach unten transportiert. Diese Zyklone werden als hochbeladene Zyklone bezeichnet. Die Abscheidung im Zyklon hängt auch von der Eintrittsstelle der Partikel in den Zyklon ab. Diese Eintrittsstelle wird durch vorhergehende Apparate beeinflusst.

Zyklone werden in industriellen Prozesskreisläufen meist mit anderen Prozessapparaten verschaltet. Wird die Trennung im Zyklon verändert, ändern sich die Eingangsbedingungen in den anderen Prozessapparaten und somit deren Ausgangsstoffströme. Werden diese Ausgangsstoffströme in einen Zyklon eingebracht, wird die Trennung im Zyklon verändert. Ein Verfahren zur Berechnung des Trenngrades, das neben Geometrie- und Betriebseinflüssen auch die vertikale Verteilung der Beladung im Eintritt berücksichtigt, ist jedoch nicht bekannt. Ziel dieser Arbeit ist es ein solches Modell zu entwickeln. Bei der Entwicklung dieses Modells wird darauf Wert gelegt, dass industrielle Besonderheiten, wie eine ungleichmäßige Einströmung von Partikeln in den Zyklon und eine Wiederaufwirbelung am Feststoffaustritt beachtet werden.

2 Stand des Wissens

Im Zyklon erfährt das Gas durch die Art seiner Zuführung einen Drall. Aufgrund des Dralls werden mitgeführte Partikeln an der Zyklonwand abgeschieden und rutschen an der Wand entlang zum Feststoffaustrag. Dort reichern sie sich entweder in einem Feststoffsammelbehälter an oder werden kontinuierlich abtransportiert. Der Drall wird durch einen axialen Leitapparat oder durch einen tangentialen oder spiralförmigen Einlauf erzeugt. Das im Inneren des Zyklons rotierende Gas wird durch ein Tauchrohr abgeführt. Weitere Ausführungsarten von Zyklonabscheidern können bei Schmidt [53] gefunden werden.

2.1 Begriffsdefinition

Bei der Abscheidung der dispersen Phase (Feststoff) aus der kontinuierlichen Phase (Gas) ist zu berücksichtigen, dass ein gewisser Feststoffanteil immer mit dem Reingas ausgetragen wird. Im Hinblick auf die disperse Phase ergibt sich eine Zerlegung in zwei Teilmengen mit unterschiedlichen Verteilungen. Im Zyklon wird die Masse einer bestimmten Partikelgröße d_p im Rohgas $m_{roh}(d_p)$ in die Teilmengen der Partikelgröße im Grobgute $m_{grob}(d_p)$ und im Reingas $m_{rein}(d_p)$ zerlegt. Es gelten die Massenbilanzen sowohl für eine bestimmte Partikelgröße als auch für die Gesamtmasse:

$$m_{roh}(d_p) = m_{grob}(d_p) + m_{rein}(d_p) \tag{2.1}$$

$$m_{roh} = m_{grob} + m_{rein} \tag{2.2}$$

Trenngrad

Der Trenngrad $\eta(d_p)$ ist definiert als die Masse des abgeschiedenen Feststoffes einer bestimmten Partikelgröße $m_{grob}(d_p)$ bezogen auf die gesamte im Rohgas vorhandene Masse dieser Partikelgröße $m_{roh}(d_p)$. Hieraus folgt:

$$\eta(d_p) = \frac{m_{grob}(d_p)}{m_{roh}(d_p)} = 1 - \frac{m_{rein}(d_p)}{m_{roh}(d_p)} \tag{2.3}$$

Trennpartikelgröße

Zur Beurteilung des Trennergebnisses wird die Trennpartikelgröße d_t verwendet. Von dieser Partikelgröße gelangt jeweils die Hälfte ins Grobgut bzw. ins Reingas.

$$\eta(d_t) = 0,5 \tag{2.4}$$

Trennschärfe

Die Trennschärfe gibt die Steigung des Trenngrades wieder. Hierzu werden die Partikelgrößen d_{p75} und d_{p25} des Trenngrades verwendet, die zu 75% bzw. 25% abgeschieden werden.

$$\kappa = \frac{d_{p75}}{d_{p25}} \tag{2.5}$$

Je flacher der Trenngrad verläuft, desto größer ist die Differenz der beiden Partikelgrößen, so dass κ ansteigt. Im Falle der idealen Trennung stimmen beide Partikelgrößen überein, so dass $\kappa = 1$ ist.

Gesamttrenngrad

Der Gesamttrenngrad η_{ges} entspricht dem Anteil der abgeschiedenen Masse m_{grob} bezogen auf die mit dem Rohgas in den Zyklon eintretende Masse m_{roh}.

$$\eta_{ges} = \frac{m_{grob}}{m_{roh}} = \frac{m_{roh} - m_{rein}}{m_{roh}} \tag{2.6}$$

Eintrittsbeladung

Die Eintrittsbeladung μ^* ist durch das Verhältnis des eintretenden Feststoffmassenstrom $\dot{M}_p$ zum Gasmassenstrom $\dot{M}_g$ definiert.

$$\mu^* = \frac{\dot{M}_p}{\dot{M}_g} \tag{2.7}$$

Summenverteilung

Eine Partikelgrößenverteilungssumme $Q_r(d_p)$ wird dargestellt, indem die Mengenanteile bestimmt werden, mit denen die jeweiligen Partikelklassen an der dispersen Phase beteiligt sind. Hierbei unterscheiden sich die folgenden Mengenarten: Anzahl $r = 0$, Länge $r = 1$, Fläche $r = 2$ und Volumen oder Masse $r = 3$.

In dieser Arbeit wird die Summenverteilung $Q_3(d_p)$ benutzt. Es gilt: $0 \leq Q_3(d_p) \leq 1$ monoton steigend, mit $Q_3(d_{p,max}) = 1$ und $Q_3(d_{p,min}) = 0$. Die Partikelgrößenverteilungsdichte q_3 ergibt sich durch Ableitung:

$$q_3(d_p) = \frac{dQ_3}{dd_p} \tag{2.8}$$

2.2 Strömungsverhältnisse in Zyklonabscheidern

Die theoretische Beschreibung der Strömung im Zyklon wird durch die tangentiale Gaszuführung erschwert, die eine erhebliche Exzentrizität der Strömung verursacht. So ist durch die zeitliche und örtliche Asymmetrie in der Zyklonströmung eine geschlossene theoretische Erfassung aller Geschwindigkeiten bis heute nicht möglich. Auch der Einfluss der Feststoffbeladung auf die Strömungsverhältnisse ist derzeit theoretisch nur unzureichend untersucht. Ein vielversprechender Ansatz zur Berechnung des Strömungsfeldes in Zyklonen sind numerische Strömungssimulationen. Dieser Ansatz wird in einem eigenen Kapitel diskutiert.

Die Kenntnis der Strömung ist Voraussetzung für eine korrekte Berechnung des Druckverlustes und des Trenngrades. Mit Druckverlust und zu entstaubendem Volumenstrom wird die zur Förderung notwendige Leistung bestimmt. Der Trenngrad ist die Masse des abgeschiedenen Feststoffes einer bestimmten Partikelgröße bezogen auf die im Rohgas vorhandene Masse der Partikelgröße. Eine Verbesserung des Trenngrades wird durch eine Erhöhung des Druckverlustes bewirkt. Zur Beschreibung des Strömungsfeldes in seinen Grundzügen wird es in die folgenden Strömungsbereiche und Geschwindigkeiten eingeteilt:

- Einlaufströmung
- Hauptströmung
  - Umfangsgeschwindigkeit
  - Axialgeschwindigkeit
  - Radialgeschwindigkeit
- Tauchrohrströmung
- Sekundärströmung
  - Deckelsekundärströmung
  - Tauchrohrsekundärströmung
  - Konussekundärströmung

Einlaufströmung

Die Rotationsströmung im Zyklon wird durch die Einlaufgeometrie bestimmt. Am weitesten verbreitet ist der tangentiale Einlauf aufgrund seiner einfachen und kostengünstigen Herstellung. Aus diesem Grund sind die nachfolgenden Ausführungen auf diese Einlaufgeometrie beschränkt. In Abbildung 2.1 sind die geometrischen Variablen dargestellt, die in dieser Arbeit Verwendung finden.

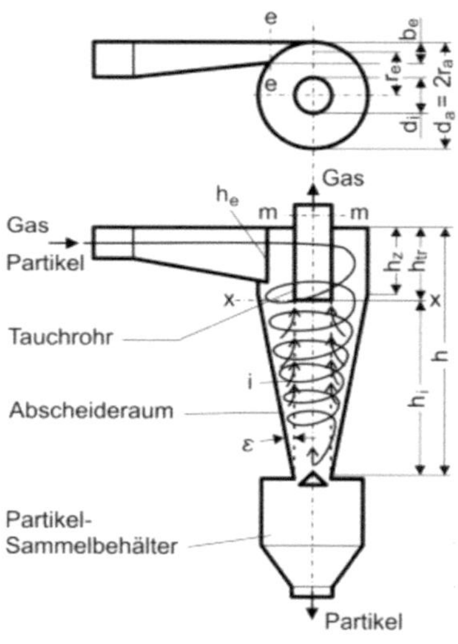

Abbildung 2.1: Aerozyklon mit tangentialem Einlauf

Die mittlere Einlaufgeschwindigkeit v_e berechnet sich aus dem Gesamtvolumenstrom $\dot{V}$ und der mit der Einlaufhöhe h_e und der Einlaufbreite b_e gebildeten Einlauffläche.

$$v_e = \frac{\dot{V}}{b_e h_e} \tag{2.9}$$

Der Einlaufradius r_e ergibt sich aus:

$$r_e = r_a - \frac{b_e}{2} \tag{2.10}$$

Hauptströmung

Die Hauptströmung setzt sich aus der axialen, tangentialen und radialen Geschwindigkeit zusammen, wie in Abbildung 2.2 schematisch dargestellt. Die für die Abscheidung maßgeblichen Geschwindigkeiten sind die Umfangs- und die Radialgeschwindigkeit.

Die Umfangsgeschwindigkeit steigt vom Außenradius in Richtung geringerer Radien auf ein Maximum an. Dort wirkt die größte Zentrifugalbeschleunigung. Nach Überschreiten des Maximus fällt die Umfangsgeschwindigkeit bis zur Zyklonachse wieder auf null ab. Kirch [29] konnte durch Messungen bestätigen, dass sich der Verlauf der Tangentialgeschwindigkeit aus einem inneren Starrkörper- und einem äußeren Potentialwirbel zusammensetzt. Weiterhin stellt Kirch [29] fest, dass die Tangentialgeschwindigkeit auf einem Radius einen konstanten Verlauf über die Höhe hat und dass sich der Radius der maximalen Tangentialgeschwindigkeit über die Höhe zum Feststoffaustrag reduziert. Hoffmann [25] fand in seinen Messungen zudem heraus, dass die höchsten Tangentialgeschwindigkeiten an der Tauchrohrwurzel auftreten. In Berechnungsmodellen wird davon ausgegangen, dass die maximale tangentiale Geschwindigkeit auf dem Tauchrohrradius r_i vorherrscht. Entsprechend beeinflusst der Tauchrohrradius die Trennwirkung im Zyklon stark. Die radiale Verteilung der Umfangsgeschwindigkeit wird häufig durch folgenden Ansatz beschrieben:

$$ur^n = const \tag{2.11}$$

Hierbei ist n der Wirbelexponent. Für $n = 1$ wird der reibungsfreie Potentialwirbel und für $n = -1$ der Starrkörperwirbel beschrieben. Nachteil dieser Beschreibung der Umfangsgeschwindigkeit ist, dass sich der Exponent n nicht berechnen lässt.

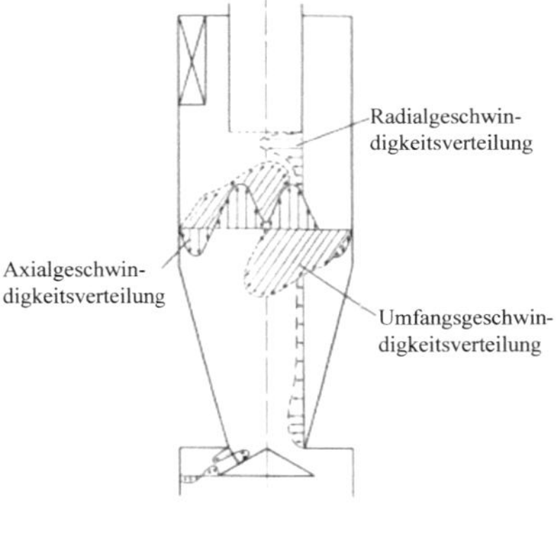

Abbildung 2.2: Strömungsprofil der Hauptgeschwindigkeiten im Zyklon nach Mothes [37]

Die Radialgeschwindigkeit ist eine maßgebliche Geschwindigkeitskomponte zur Bestimmung der Trennleistung. Sie wirkt der Sedimentation der Partikel zur Wand entgegen. Die Berechnung der Radialgeschwindigkeit auf dem Tauchrohrradius w_{ri} erfolgt über die Annahme, dass der Gesamtvolumenstrom $\dot{V}$ konstant über die Höhe h_i in eine Zylinderfläche mit dem Tauchrohrradius r_i einströmt. Somit kann die Radialgeschwindigkeit aus dem Verhältnis Gesamtvolumenstrom $\dot{V}$ zur Zylinderfläche unterhalb des Tauchrohres berechnet werden:

$$w_{ri} = \frac{\dot{V}}{2\pi r_i h_i} \tag{2.12}$$

Die Radialgeschwindigkeit ist im Vergleich zur Tangentialgeschwindigkeit deutlich niedriger. Kirch [29] sieht in seinen Messungen, dass das Strömungsfeld nicht rotationssymmetrisch ist. Entlang der Höhe h_i findet er im oberen Bereich zum Tauchrohr hin radiale Geschwindigkeiten von bis zu 3 m/s nach außen Richtung Zyklonmantel. Im unteren Bereich Richtung Feststoffaustrag findet Kirch [29] radiale Geschwindigkeiten von bis zu 3 m/s nach innen Richtung Mittelachse. Er schließt hierdurch auf die Existenz von Sekundärwirbeln, die der Hauptströmung überlagert sind. Durch das Öffnen des Feststoffbunkers ändert sich das Strömungsprofil dahingehend, dass nicht mehr auf die Existenz von Sekundärwirbeln geschlossen werden kann. Der Verlauf der radialen Geschwindigkeit vergleichmäßigt sich deutlich. Kirch [29] beschreibt, dass es selbst bei exakter Versuchsdruchführung zu sehr großen Fehlern kommen kann und begründet damit die Schwierigkeiten bei der Messung der Radialkomponente in Zyklonen. Der in Abbildung 2.2 nach Mothes [37] dargestellte Verlauf der Radialgeschwindigkeit weist unterhalb des Tauchrohres und am Übergang zum Sammelbehälter eine Überhöhung auf. Diese Überhöhungen der Radialgeschwindigkeit deuten auf die Existenz von Grenzschichtvolumenströmen oder auch Sekundärströmungen entlang des Tauchrohres und des Konus hin, welche an diesen Stellen wieder in die Hauptströmung gelangen.

Um den Einfluss der Zyklonhöhe h_i auf die Abscheidung herauszufinden, führte Hoffmann [24] Versuche mit unterschiedlichen Zyklonhöhen h_i durch und stellte fest, dass die Abscheidung mit längeren Zyklonen bis zu einem Verhältnis $h_i/d_a = 5,5$ zunimmt. Zudem verringert sich der Durchmesser der Trennpartikelgröße und der Druckverlust nimmt ab. Hoffmann [24] führt dies auf ein Abstützen des Wirbels an der Wand zurück und weist darauf hin, dass die festgestellte Wirbellänge deutlich von der natürlichen Wirbellänge nach Alexander [1] oder Zhongli [63] abweicht. Er bemerkt weiter, dass sich die natürliche Wirbellänge im Zyklon durch eine Zunahme der Wandrauigkeit, die auch durch Feststoff verursacht werden kann, verkürzt.

Die Axialgeschwindigkeit ist im äußeren Bereich nach unten gerichtet. Im Kern strömt das Gas nach oben und verlässt den Zyklon durch das Tauchrohr. Der Einfluss der Axilageschwindigkeit auf Druckverlust und Trenngradverlauf kann vernachlässigt werden.

Tauchrohrströmung

Im Tauchrohr herrscht ein Druckgefälle vor, das zu Rückströmungen im Bereich des Tauchrohreintrittes führt. Diese Rückströmung trifft auf die nach oben fließende Hauptströmung. Hierdurch wird die Hauptströmung auf die Randzone verdrängt und der Strömungsquerschnitt reduziert, wodurch die Strömungsgeschwindigkeit steigt. Letztlich wird somit der Strömungswiderstand des Tauchrohres erhöht. Der starken Drallströmung im Tauchrohr ist eine hohe Axialströmung überlagert. Beide Geschwindigkeiten werden nicht in Druck umgesetzt. Aufgrund der hohen Geschwindigkeiten wird im Tauchrohr ein Großteil der Energie dissipiert. Die mittlere axiale Tauchrohrgeschwindigkeit w_i berechnet sich aus dem Gesamtvolumenstrom $\dot{V}$ und der Tauchrohrquerschnittsfläche $\pi {r_i}^2$.

$$w_i = \frac{\dot{V}}{\pi {r_i}^2} \tag{2.13}$$

Nach Bohnet [12] entsteht der Hauptdruckverlust im Tauchrohr, in dem das Gas auf sehr hohe Axialgeschwindigkeiten beschleunigt wird . Um den Druckverlust im Zyklon zu verringern, bieten sich Maßnahmen an, die hohe kinetische Energie in der Tauchrohrströmung in Druckenergie umzusetzen. Hierbei ist zu beachten, dass vor allem bei sehr feinen Stäuben die Gefahr des Zusetzens enger Tauchrohrquerschnitte durch Partikelansätze besteht.

Bei Muschelknautz [39] sind konstruktive Maßnahmen zur Wiedergewinnung der Drallenergie am Tauchrohr zu finden. Fraser [18] führte **L**aser-**D**oppler-**A**nemometer (LDA) Messungen am Tauchrohrauslass mit verschiedenen Einbauten zur Rückgewinnung der Drallenergie durch. Er konnte zeigen, dass sich das axiale Profil vom W-Typ durch Einbauten in ein axiales Profil vom V-Typ ändert. Er erreicht eine Reduktion im Druckverlust von bis zu 19% im Vergleich zum Zyklon ohne Einbauten im Tauchrohr.

Sekundärströmungen

Unter Sekundärströmungen werden Strömungen im Zyklon verstanden, die von der Hauptströmungsrichtung abweichen. So bilden sich Sekundärströmungen oder auch Grenzschichtströmungen an den reibenden Flächen. Umströmt ein Fluid einen Körper, so bildet sich aufgrund der Haftbedingung an der Oberfläche eine Grenzschicht der Dicke $\sigma(x)$ aus. Der Grenzschichtbeginn ist als der Wandabstand definiert, bei dem sich die Geschwindigkeit um 1% von der ungestörten Strömung unterscheidet. Die Grenzschicht ist gekennzeichnet durch einen hohen Geschwindigkeitsgradienten zur ungestörten Strömung hin. Innerhalb der Grenzschicht existieren Rauigkeitserhebungen, die über die Rauigkeit k erfasst werden. Diese Bezeichnung geht auf Nikuradse [47] zurück, der umfangreiche Reibungsmessungen in Rohren durchführte, die mit

Sandpartikeln einheitlichen Durchmessers k_s beklebt waren. Einer beliebigen technischen Rauigkeit wird nun eine äquivalente Sandrauigkeit zugeordnet. Morweiser [36] gelang es, für den Zyklon den Wandreibungskoeffizienten in Abhängigkeit von k zu berechnen. Rauigkeiten, die innerhalb der sehr dünnen laminaren Unterschicht liegen, haben keinen Einfluss auf den Wandreibungskoeffizienten mehr. Diese werden als hydraulisch glatt bezeichnet.

Morweiser [36] fand in seiner Arbeit, dass die Sekundärströme entlang des Deckels und Konus mit steigendem Wandreibungskoeffizienten zunehmen. Bei einem Wandreibungskoeffizienten von $\lambda_k = 0,02$ können die Sekundärströme bis zu 43% des Gesamtvolumenstroms ausmachen.

$$\frac{dp}{dr} = \frac{\rho}{r} u(r)^2 \tag{2.14}$$

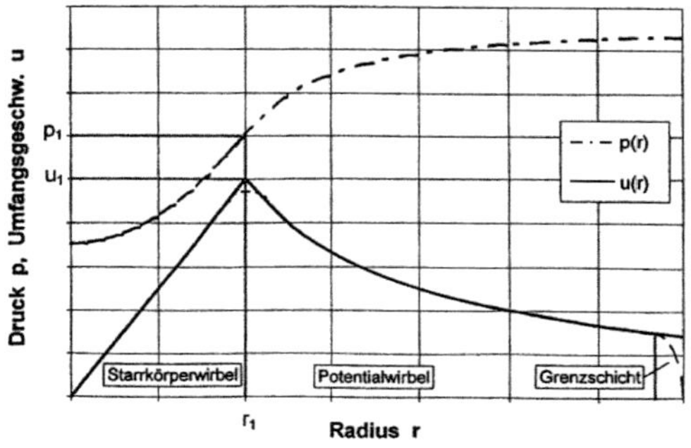

Abbildung 2.3: Starrkörperwirbel, Potentialwirbel und Grenzschicht nach Hoffmann [25]

Die Umfangsgeschwindigkeit im Zyklon nimmt von außen nach innen zu. Hierdurch nimmt der statische Druck entsprechend ab. Die Zyklonströmung lässt sich bei idealer Betrachtung als Potentialwirbel auffassen, bei der die Umfangsgeschwindigkeit u und der Druck p nur vom Radius r abhänigig sind.

Abbildung 2.3 veranschaulicht den Verlauf von Gesamtdruck und Umfangsgeschwindigkeit im Zyklon. Innerhalb der Grenzschicht von Deckel und Konus nimmt die Zentrifugalkraft wegen der sinkenden Umfangsgeschwindigkeit ab. Weiterhin ist der Grenzschicht das Druckfeld der Hauptströmung aufgeprägt, so dass es in der Grenzschicht zu einer zur Zyklonachse gerichteten Strömung in Richtung des Druckgefälles kommt. Am Deckel bildet sich die Grenzschichtströmung in Richtung Tauchrohr aus. Am Konus verläuft die Grenzschichtströmung Richtung Austragsöffnung des Feststoffes. Druckmessungen von Hoffmann [25] zeigen das Druckgefälle am Zylinder und am Konus. Die Grenzschicht am Tauchrohr hat keinen konstanten Druckgradienten entlang des Tauchrohres. Gorton-Hülgerth [20] zeigte in seiner Arbeit, dass die Deckelgrenzschichtströmung auf das Tauchrohr prallt und nach unten umgelenkt wird.

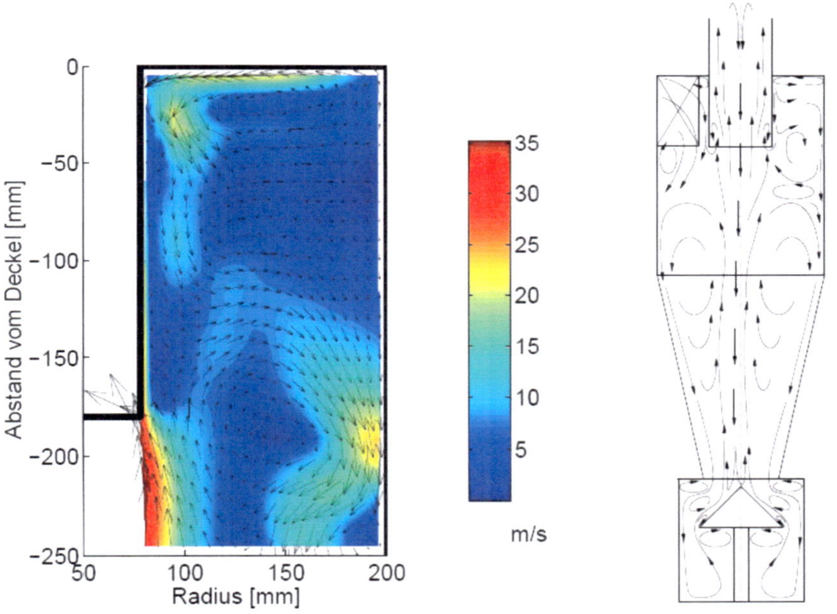

Abbildung 2.4: Sekundärwirbel nach Gorton-Hülgert [20] und Hoffmann [25]

In Abbildung 2.4 ist zu sehen, wie die am Tauchrohr herunterkommende Strömung vom unteren Sekundärwirbel gestoppt und in Richtung Zyklonwand umgelenkt wird.

Trefz [59] wies in seiner Arbeit die Grenzschichtströmung entlang des Deckels und des Tauchrohres nach und hat ihren Einfluss auf die Abscheidung untersucht. Trefz [59] stellte durch Tuschetropfen den Stromlinienverlauf am Tauchrohr fest. Die Stromlinien fallen bei einem Winkel von 180° nahezu senkrecht nach unten ab. Um eine möglichst parallele und spiralförmige Ausbildung der Stromlinien am Tauchrohr zu bekommen, baute er das Tauchrohr exzentrisch ein. Er erhielt ein Optimum für den exzentrischen Einbau des Tauchrohrs bei einem Versatz von $\Delta r = 0,2 r_i$ in Richtung 255° für ein Radienverhältnis von $r_a/r_i = 2,5$. Während die Grenzschichtströmung am Konus eine positive Wirkung auf die Abscheidung hat, da sie an der Wand abgeschiedene Partikeln zum Feststoffaustrag transportiert, hat die Deckel- und die

Tauchrohrgrenzschicht einen negativen Einfluss auf die Abscheidung. Feinere Partikeln können mit der Grenzschichtströmung direkt zum Tauchrohr transportiert werden, weil die Deckelgrenzschicht eine höhere Konzentration als die Hauptströmung aufweist und die Umfangsgeschwindigkeit am Tauchrohr meist nicht ausreichend für eine Abscheidung der Partikeln ist. Der von Trefz [59] gemessene Sekundärvolumenstrom am Deckel beträgt bis zu 15% mit Tauchrohr und steigt auf 17% ohne Tauchrohr des Gesamtvolumenstroms $\dot{V}$. Die Sekundärströmung geht vom Deckel auf das Tauchrohr über und verläuft innerhalb der Tauchrohrgrenzschicht spiralförmig bis zur Tauchrohrunterkante. Dort wird sie umgelenkt und verlässt das Tauchrohr mit dem Reingasstrom. Für die Dicke der Tauchrohrgrenzschicht σ_{tr} hat Drabner [16] die folgende Beziehung ermittelt:

$$\sigma_{tr} = 0,053 r_a \qquad (2.15)$$

Trefz [59] stellte in seinen Messungen eine Verschiebung des Partikelgrößenspektrums zu gröberen Partikeln in der Deckelgrenzschicht fest. Um den mittleren Durchmesser der Partikelgrößenverteilung zu ermitteln, betrachete er einen Kreisring, der durch die Höhe h_e des Einlaufs und die Breite b des durch die Einlaufströmung eingeschnürten Strahles begrenzt ist. Für diesen Kreisring ermittelte er die Verweilzeit des Gases und setzte diese mit der Sedimentationszeit, die eine Partikel benötigt um mit ihrer Sinkgeschwindigkeit w_S durch die Breite b des Kreisringes an die Wand zu gelangen. Trefz [59] stellte weiterhin fest, dass die Partikeln mit der Deckelströmung zum Tauchrohr gelangen und auf dem Weg zur Tauchrohrunterkante wieder in die Hauptströmung geschleudert werden. Trefz [59] stellte in seinen Versuchen fest, dass sich mit zunehmender Tauchrohrlänge der Gesamttrenngrad verbessert. In den Versuchen erreichte Trefz [59] für eine optimale Tauchrohrlänge einen Maximalwert im Gesamttrenngrad. Trefz [59] erklärt dies dadurch, dass zwar die Trennung am Tauchrohr mit der Tauchrohrlänge verbessert wird, jedoch gleichzeitig die Trennung der Hauptströmung verschlechtert (h_i sinkt) wird. Hieraus berechnet er die optimale Tauchrohrlänge.

Obermair [48] untersuchte den Einfluss der Austragsgeometrie auf die Trennung und stellt fest, dass eine Zyklongeometrie mit Fallrohr, einem langen geraden Auslassrohr für Feststoff, immer den besten Gesamttrenngrad ergibt. Obermair [48] erklärt die verbesserte Abscheidung dadurch, dass sich die an der Zyklonwand nach unten strömende Sekundärströmung im Fallrohr fortsetzt und Partikel, die am Grobgutbehälter wieder aufgewirbelt werden, durch Umfangsgeschwindigkeit im Fallrohr nicht in den Zyklon zurück gelangen. Die verschiedenen getesteten Geometrien verändern die Wiederaufwirbelung von bereits in einem geschlossenen Grobgutbehälter befindlichen Material.

Im Zyklon liegt eine dreidimensionale, turbulente Zweiphasenströmung vor. Um den Abscheidevorgang im Zyklon besser zu verstehen und um einen Vergleich für die theoretischen Ansätzen zu ermöglichen, haben sich zahlreiche Arbeiten der Messung der Strömungsvorgänge im Zyklon gewidmet. Aufgrund des komplexen Strömungsfeldes und der Beeinflussung des Strömungsfeldes durch die Messung sind nachfolgende Arbeiten beschrieben, die neben den erzielten Ergebnissen einen deutlichen Einblick in die Schwierigkeiten der Messdurchführung geben. Barth [5] stellte über Messsonden in verschiedenen Ebenen neben dem axialen und tangentialen Geschwindigkeitsverlauf auch den Druckverlauf fest. Durch Einführung der Messsonden stellte er eine Senkung des Gesamtdruckverlustes von bis zu 20% im Vergleich zum Zyklon ohne Messsonde fest.

Iinoya [27] führte Messungen mit Pitot-Sonden durch, bei denen er eine Exzentrizität des Wirbels feststellte. Weiterhin stellte er fest, dass Druck und Geschwindigkeit im Zyklon mit größeren Eindringtiefen der Sonde verringet werden. Hieraus schloss Iinoya [27] darauf, dass die Zyklonströmung durch die Sonden beeinflusst wird. Im Wissen um die Beeinflussung der Strömung durch die Verdrängung und Wirbelstraßenbildung führte Kecke [28] seine Messsonden möglichst klein aus. Über Hitzedrahtsonden konnte er die Turbulenz im Zyklon messen.

Um eine Beeinflussung der Strömung zu vermeiden, setzt Mothes [37] zur Messung das LDA-Verfahren ein. Hierfür nutzte er Tracerpartikeln von $1 \mu m$. Er variierte in seinen Messungen auch die Rohgaspartikelkonzentration von 0,5 - 320 gr/m^3 und stellte hierbei eine Reduktion der Tangentialgeschwindigkeit fest. Neben der Tangetialgeschwindigkeit hat Mothes [37] die Axialgeschwindigkeit gemessen. Die Radialgeschwindigkeit wurde nicht gemessen. Durch isokinetische Probenahmen, konnte Mothes [37] lokale Partikelkonzentrationen und Partikelgrößenverteilungen bestimmen.

Kirch [29] stellte bei seinen LDA-Messungen fest, dass die Effektivwerte der Schwankungsgeschwindigkeit in der Größenordnung von 1 - 2 m/s liegen. Bezogen auf die Radialgeschwindigkeit schreibt er, dass die Schwankungsgeschwindigkeit größer ist als die Mittelwerte der radialen Geschwindigkeitskomponente. Die aus den axialen Geschwindigkeitsprofilen errechneten Volumenströme zeigen nach Kirch [29] eine lineare Abnahme zum Feststoffaustritt.

Um den Einfluss der Temperatur auf die Tangentialgeschwindigkeit festzustellen, führte Bernard [8] LDA-Messungen an einem Zyklon bei 38°C und 500°C durch. Bernard [8] stellte fest, dass die auf die Einlassgeschwindigkeit normierte maximale Tangentialgeschwindigkeit bei 500°C geringer ist und das Maximum sich zu größeren Radien verschiebt als bei seinen Versuchen bei 38°C. Für die axiale Geschwindigkeit stellte er unabhängig von der Temperatur den Umkehrpunkt zwischen aufwärts- und abwärtsgerichtetem Strömungsverlauf bei einem dimensionslosem Radius von 0,625 fest.

Bankel [3] beschreibt die Schwierigkeit bei der LDA-Messung des radialen Geschwindigkeitsprofils mit der exzentrischen Strömung und somit der Abweichung der geometrischen von der Strömungsmittelachse. Gorton-Hülgerth [20] hat die Strömung in einem Zyklon mittels LDA vermessen. Die Ergebnisse der Messung stimmen tendenziell gut mit der Strömungssimulationsrechnung überein. Gorton-Hülgerth [20] stellte fest, dass durch eine Optimierung der Turbulenzparameter in der Simulation die Übereinstimmung weiter verbessert werden könnte. Die Übereinstimmung der Ergebnisse für die stationäre Verschiebung des Wirbelkerns mit den Messungen ist gut.

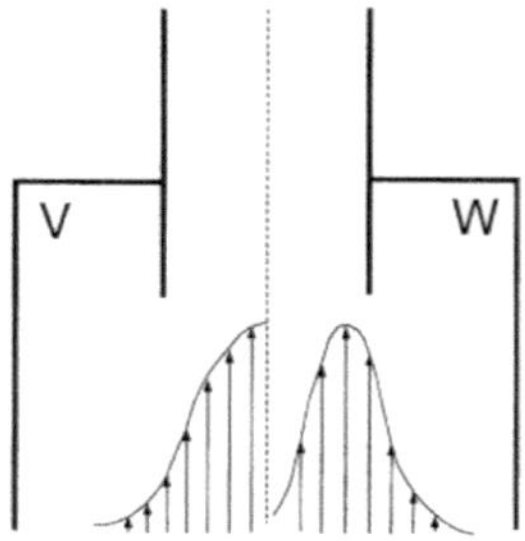

Abbildung 2.5: Schematische Darstellung der axialen Geschwindigkeitsprofile und deren Einteilung in V-Typen und W-Typen nach Harasek [23]

Harasek [23] teilt, wie in Abbildung 2.5 schematisch dargestellt, Zyklone entsprechend der Form des Axialgeschwindigkeitsprofils in V-Typen und W-Typen ein. In Abbildung 2.2 ist der W-Typ für den Verlauf des axialen Geschwindigkeitsprofils dargestellt. Das radiale Axialgeschwindigkeitsprofil steigt beim W-Typen im Wirbelkern zuerst an, um dann in der Wirbelachse sein Minimum zu erreichen. Das Minimum kann durchaus als Rückströmung ausgeprägt sein. Beim V-Typen erreicht die Axialgeschwindigkeit im Wirbelkern das Maximum auf der Wirbelachse. Der Grund für die zwei Axialgeschwindigkeitsprofile ist wahrscheinlich in einer unterschiedlich stark ausgeprägten Drallströmung zu sehen. Der W-Typ tritt bei starker und der V-Typ bei schwacher Drallströmung auf. Harasek [23] stellt durch seine LDA-Messungen fest, dass die Austrittsbedingungen am Tauchrohr das Strömungsprofil beeinflussen können.

Peng [49] stellte in seinen Messungen für den tangentialen Zyklon wie schematisch in Abbildung 2.1 dargestellt fest, dass die Tangentialgeschwindigkeit in axialer Richtung konstant und die Radialgeschwindigkeit in axialer Richtung gleichmäßig verläuft. Die radiale Geschwindigkeit berechnete er aus der Differenz von zwei auf unterschiedlichen Höhen gemessenen abwärtsgerichten Axialströmungsprofilen. Der resultierende Differenzvolumenstrom wird nach Peng [49] durch die Zyklinderfläche auf dem Tauchrohrradius geteilt und ergibt die Radialgeschwindigkeit auf der Strecke zwischen den beiden Profilen. Obermair [48] führte LDA-Messungen der Gasströmung an verschiedenen Feststoffaustragsgeometrien und **P**hasen **D**oppler **A**nemometrie (PDA) Messungen der partikelbeladenen Strömung durch. Obermair [48] entdeckt dabei im mittleren Drittel des Feststoffaustrags des Fallrohres einen Umschlag von einem Potentialwirbel zu einem Starrkörperwirbel. Aus der Messung geht hervor, dass der mittlere Partikeldurchmesser im Fallrohr größer ist als der mittlere Durchmesser des gesammelten Grobgutes aus dem Grobgutbehälter.

2.3 Trenngradberechnung

Die im Folgenden vorgestellten Ansätze zur Berechnung des Trenngrades von Zyklonen enthalten zusätzlich Berechnungsvorschriften für den Druckverlust von Zyklonen. Da die Berechnung des Druckverlustes jedoch aus dieser Arbeit ausgeklammert ist, wird auf die Originalliteratur verwiesen.

2.3.1 Barth

In seinem Ansatz betrachtet Barth [6] einen einzigen Stromfaden, wobei die Verhältnisse auf diesem Stromfaden als Mittelwerte der wirklichen Strömung aufgefasst werden. Zur Bestimmung der Druck- und Geschwindigkeitsverhältnisse längs dieses Stromfadens werden, wie in Abbildung 2.1 dargestellt, folgende Querschnitte definiert: Eintrittsquerschnitt $e - e$, Austrittsquerschnitt $m - m$, Zylinderfläche $i - i$ (Tauchrohreintrittsdurchmesser und Höhe h_i) und Tauchrohreintrittsquerschnitt $x - x$.

Zur Berechnung der Umfangsgeschwindigkeit geht Barth von einer Drehmomentenbilanz aus. In seiner Modellvorstellung zur Berechnung des Wandreibungsmomentes nimmt er an, dass die Reibungsverluste an einer Zylinderfläche mit dem mittleren Radius r_m und über die Höhe h_i entstehen.

$$r_m = \sqrt{(r_a r_i)} \tag{2.16}$$

Weiterhin geht er davon aus, dass vor und hinter dieser Reibungsfläche eine verlustlose Strömung herrscht. Unter der Annahme, dass die reibungsfreie Strömung durch einen Potentialwirbelansatz $ur = const$ beschrieben werden kann, gilt für die Umfangsgeschwindigkeit u_m vor der angenommenen Reibungsfläche $u_m r_m = u_a r_a$ und nach der Reibungsfläche $u_m r_m = u_i r_i$. Dadurch weist die Umfangsgeschwindigkeit u am Radius r_m einen Sprung auf, der durch die Reibungsverluste begründet ist. Somit kann über die Impulsmomentenbilanz

$$M_R = M_a - M_i \tag{2.17}$$

an der fiktiven zylindrischen Reibungsfläche, welche dem Impulsmomentverlust von Außenwand- zum Tauchrohrradius entspricht, das Reibungsmoment M_R bestimmt werden.

$$M_R = \dot{V} \rho_g (r_a u_a - r_i u_i) \tag{2.18}$$

Über den Schubspannungsansatz

$$\tau = \lambda \rho_g \frac{u_m^2}{2} \tag{2.19}$$

kann das Reibungsmoment M_R auf der Zylinderfläche $2\pi h_i r_m$ mit dem Radius r_m wie folgt geschrieben werden:

$$M_R = \lambda \rho_g u_a u_i \pi r_i r_a h_i \tag{2.20}$$

Das Impulsmoment M_a hängt von der Einlaufgeometrie ab und kann deutlich vom Impulsmoment der Ebene $e - e$ abweichen. Dies erfasst Barth über den Einlaufkoeffizienten β.

$$\beta = \frac{M_e}{M_a} = \frac{v_e r_e}{u_a r_a} \tag{2.21}$$

Mit den oben genannten Gleichungen lässt sich das für die Abscheidung und den Druckverlust maßgebliche Geschwindigkeitsverhältnis berechnen.

$$\frac{u_i}{w_i} = \frac{1}{\frac{w_i r_i}{v_e r_e}\beta + \lambda \frac{h_i}{r_i}} \tag{2.22}$$

Für den Wandreibungskoeffizienten λ gibt Barth 0,02 an. Zur Bestimmung der Trennung stellt Barth eine Kräftebilanz an einer Einzelpartikel auf. Diese ist in Abbildung 2.6 dargestellt.

Unter Vernachlässigung der Axialgeschwindigkeit wirkt auf eine Partikel, die sich auf der Trennfläche mit dem Durchmesser $2r_i$ bewegt, die Widerstandskraft W und entgegen die Zentrifugalkraft Z. Die Zentrifugalkraft muss noch um die Druckkraft P vermindert werden. Unter der Annahme des Stokes'schen Widerstandsgesetzes lässt sich die Widerstandskraft W wie folgt berechnen:

$$W = 3\pi \eta d_t w_{ri} \tag{2.23}$$

Weiterhin ist:

$$Z - P = (\rho_p - \rho_g) \frac{\pi}{6} {d_t}^3 \frac{{u_i}^2}{r_i} \tag{2.24}$$

Somit kann die Trennpartikelgröße d_t wie folgt bestimmt werden:

$$d_t = \sqrt{\frac{18 \eta w_{ri} r_i}{(\rho_p - \rho_g) u_i^2}} \tag{2.25}$$

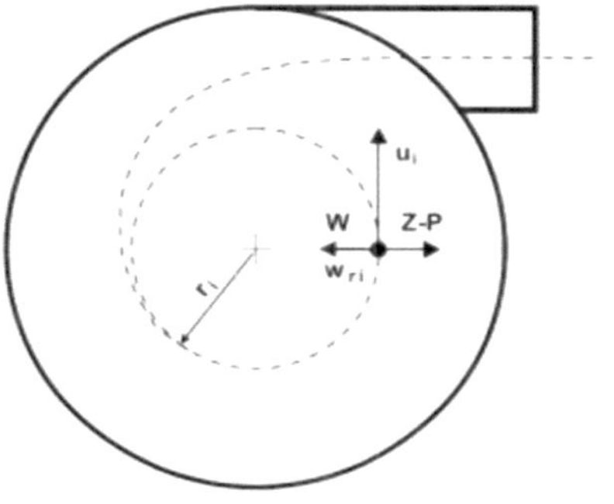

Abbildung 2.6: Kräftebilanz an einer Einzelpartikel auf dem Tauchrohrradius r_i nach Barth [6]

2.3.2 Muschelknautz, Rentschler, Trefz und Greif

Die nachfolgenden Ausführungen beziehen sich auf einen Zyklon mit tangentialem Einlauf. Wie im Ansatz von Barth, unterscheidet sich das Impulsmoment M_e des Einlaufs vom Impulsmoment M_a. Das beladene Gas strömt tangential in den Zyklon ein, wird durch das radiale Druckfeld an die Wand gedrückt und somit eingeschnürt. Dies führt zu einer Beschleunigung des Eintrittstrahls und wird mit dem Einschnürkoeffizienten β beschrieben (siehe Gleichung 2.21). Muschelknautz [43] berücksichtigt die Abhängigkeit des Einschnürkoeffizienten β' von der Eintrittsbeladung μ^* und schreibt einem Vorschlag von Rentschler [51] folgend mit dem Geometrieverhältnis $\alpha = b_e/r_a$:

$$\beta' = 1 - \frac{\sqrt{1 + 4\left[\left(\frac{\alpha}{2}\right)^2 - \frac{\alpha}{2}\right]\sqrt{1 - \frac{1-\alpha^2}{1+\mu^*}(2\alpha - \alpha^2)}}}{\alpha} \tag{2.26}$$

Zur Berechnung der Trennpartikelgröße ist die Kenntnis der inneren Umfangsgeschwindigkeit u_i notwendig. Muschelknautz [40] wählt die Impulsmomentenbilanz aus Gleichung 2.17 von Barth [6] als Ansatz und erweitert diese um das Reibungsmoment der Strähne M_{Str}.

$$M_g + M_{Str} = M_a - M_i \tag{2.27}$$

Analog zum Ansatz von Barth [6] ergibt sich für die innere Umfangsgeschwindigkeit u_i

$$u_i = \frac{u_a \dfrac{r_a}{r_i}}{1 + \dfrac{\lambda}{2} \dfrac{A_R}{\dot{V}} u_a \sqrt{\dfrac{r_a}{r_i}}} \tag{2.28}$$

Hierbei ist A_R die gesamte innere Wandfläche des Zyklons einschließlich Deckel und Tauchrohraußenwand. Wird der Feststoffaustrittsdurchmesser kleiner als der Tauchrohrdurchmesser $2\,r_i$, wird die in A_R enthaltene Konusfläche nur bis zu diesem Durchmesser bestimmt. Begründet wird dies dadurch, dass sich der Wirbel bei diesem Durchmesser an der Wand abstützt und somit die Fläche darunter nicht mehr zur inneren Wandfläche beiträgt.

Der Wandreibungskoeffizient λ setzt sich aus einem Anteil für das unbeladene Gas λ_0 und einem Anteil, der durch Feststoffsträhnen bedingt ist zusammen.

$$\lambda = \lambda_0 + 0,25 \sqrt{\eta_{ges} \mu^* Fr_i \frac{\rho_g}{\rho_s \left(1 - \epsilon_{Str}\right)}} \left(\frac{r_a}{r_i}\right)^{-\frac{5}{8}} \tag{2.29}$$

Über die Froudezahl $Fr_i = v_i / \sqrt{2 g r_i}$ werden die Zyklonabmessungen berücksichtigt. Der Hohlraumanteil ϵ_{Str} beträgt annähernd das Doppelte des Hohlraumvolumens der Schüttung.

$$\lambda = \lambda_0 \left(1 + 2\sqrt{\mu^*}\right) \tag{2.30}$$

Gleichung 2.30 kann als gute Näherung zur Berechnung des Wandreibungskoeffizienten λ verwendet werden. Der Wandreibungskoeffizient λ_0 des unbeladenen Gases hängt analog zur Rohrströmung von der relativen Wandrauigkeit k/r_a und von der Reynoldszahl Re_R ab:

$$Re_R = \frac{2 r_e \dfrac{v_a \rho_g}{\eta}}{2 \dfrac{h}{r_m} \left(1 + \left(\dfrac{v_a}{u_m}\right)^2\right)} \tag{2.31}$$

Mit der axialen Stirnflächengeschwindigkeit v_a:

$$v_a = \frac{0,9 \dot{V}}{\pi \left({r_a}^2 - {r_m}^2\right)} \tag{2.32}$$

und r_m aus Gleichung 2.16 kann die Umfangsgeschwindigkeit u_i bestimmt werden. Somit kann die Trennpartikelgröße d_t des Zyklons berechnet werden.

$$d_t = \sqrt{\frac{18\eta 0,9\dot{V}}{(\rho_p - \rho_g)\, u_i{}^2 2\pi h_i}} \tag{2.33}$$

Hierbei wird angenommen, dass der Sekundärströmungsanteil am Deckel 10% beträgt. Über die Trennpartikelgröße wird der Trenngrad η_F bestimmt. Der Trenngrad hat für unterschiedliche Zyklonbauformen jeweils einen charakteristischen Verlauf, der wie folgt beschrieben werden kann:

$$\eta_F = 0,5 \left(1 + cos \left[\pi \left(1 - \frac{log\frac{d_p}{d_t} + logU}{2logU}\right)\right]\right) \tag{2.34}$$

Der Parameter U gibt die Trennschärfe an und kann nach Muschelknautz [43] Werte zwischen 2 und 4 annehmen. Für einen typischen Zyklon gibt er $U = 3$ an. Der Verlauf des Trenngrades ist abhängig von der Zyklonbauart, für die im VDI Wärmeatlas [43] Beispiele angegeben sind. Letztlich erfolgt durch den Parameter U eine Anpassung an bekannte Trenngrade für ähnliche Geometrien.

Der Gesamttrenngrad [43] für die Trennung im inneren Wirbel kann wie folgt berechnet werden:

$$\eta_i = \sum_{j=1}^{m} \eta_F(d_j)\Delta R_{Ai}(d_j) \tag{2.35}$$

Dabei wird die Partikelgrößenverteilung des inneren Aufgabegutes in m Partikelgrößen unterteilt und mit den jeweils mittleren Partikeldurchmessern $(d_p)_j$ gerechnet. Hierbei stellt $\Delta R_{Ai}(d_p)_j$ die Massenfraktion der j-ten Partikelgrößenklasse dar. R_{Ai} ist die Rückstandssummenkurve der Partikelgrößenverteilung des inneren Aufgabegutes genormt auf einen charakteristischen von der Eintrittsbeladung abhängigen Partikeldurchmesser.

Eine weitere Partikeltrennung erfolgt am Tauchrohr für den Sekundärluftstrom. Im VDI-Wärmeatlas [43] wird für den Tauchrohrgesamttrenngrad η_{tr} folgende Beziehung angegeben, die aus Messungen abgeleitet ist und für abweichende Zyklone als grobe Näherungslösung bezeichnet wird:

$$\eta_{tr}(h_{tr}) = 0,0105 \arctan(35\, h_{tr}/h) \tag{2.36}$$

Bei höheren Feststoffbeladungen findet unmittelbar im Eintritt des Zyklons aufgrund der dort auftretenden Fliehkräfte eine Feststoffentmischung in Form einer Strähne statt. Der Feststoff wird unmittelbar hinter dem Eintritt unfraktioniert an die Zyklonwand geschleudert und ist damit abgeschieden. Die Grenzbeladung μ_G, bei deren

Überschreitung diese Vorabscheidung eintritt, hängt von der Trennpartikelgröße d_t des Zyklons, von der Eintrittsbeladung μ^* und vom mittleren Partikeldurchmesser d_{p50} des Aufgabegutes ab. Dies wurde von Trefz [59] wie folgt beschrieben:

$$\mu_G = 0,025 \left(\frac{d_t}{d_{p50}} \right) (10\mu^*)^k \tag{2.37}$$

Hierbei definierte Trefz [59] den Faktor k für $\mu^* > 0,1$ zu k=0,15 und für $\mu^* < 0,1$ zu k= 0,4. Messungen von Greif [22] führten zur Beschreibung des Exponenten k als Funktion der Eintrittsbeladung:

$$\begin{aligned} k &= 0,81 \quad \text{für} \quad \mu^* < 2,2 * 10^{-5} \\ k = 0,15 + 0,66exp\left(- \left[\frac{\mu^*}{0,015} \right]^{0,6} \right) &\quad \text{für} \quad 2,2 * 10^{-5} < \mu^* < 0,1 \\ k &= 0,15 \quad \text{für} \quad \mu^* > 0,1 \end{aligned} \tag{2.38}$$

Hierbei wird die Trennpartikelgröße des Zyklons nach Trefz [59] beschrieben durch:

$$d_t = \sqrt{18 \frac{\eta(\dot{V} - \dot{V}_{sek})}{(\rho_p - \rho_g) 2\pi (h - h_{tr}) {u_i}^2}} \tag{2.39}$$

Unter Berücksichtigung der Sekundärluftströmung und der Grenzabscheidung wird der Gesamttrenngrad gemäß dem VDI-Wärmeatlas [43] wie folgt geschrieben:

$$\eta_{ges} = \left(1 - \frac{\dot{V}_{sek}}{\dot{V}} \right) \left[1 - \frac{\mu_G}{\mu^*} + \frac{\mu_G}{\mu^*} \eta_i \right] + \frac{\dot{V}_{sek}}{\dot{V}} \left[1 - \frac{\mu_d}{\mu^*} + \frac{\mu_d}{\mu^*} \eta_{tr} \right] \tag{2.40}$$

Nach Messungen von Trefz [59] ist die Beladung der Deckelgrenzschicht μ_d um den Faktor 6 höher als die Grenzbeladung der Hauptströmung μ_G, sobald die Eintrittsbeladung $\mu^* > \mu_G$ ist. Ist die Grenzbeladunng μ_G geringer als die Eintrittsbeladung μ^*, kann die Strömung den gesamten Feststoffmassenstrom in Schwebe halten und die Eintrittsbeladung μ^* wird mit der Beladung der Deckelgrenzschicht und der Hauptströmung gleichgesetzt.

Der Tauchrohrgesamttrenngrad nimmt mit Verlängerung des Tauchrohrs bei konstanter Gesamthöhe zu. Hierdurch wird jedoch die Höhe h_i des Abscheideraumes verkürzt und somit die Abscheidung der Hauptströmung verschlechtert. Durch diese Erweiterung kann der Abfall des Gesamttrenngrades für ein fehlendes oder sehr kurze Tauchrohre berechnet werden. Es gibt daher eine optimale Tauchrohrlänge, bei der ein maximaler Gesamttrenngrad erzielt wird.

2.3.3 Meißner, Mothes/Löffler

Zur Berechnung der Umfangsgeschwindigkeit im Zyklon verwenden Mothes und Löffler [38] [37] in ihrem Modell zur Berechnung des Trenngrades einen Ansatz von Meißner [34]. Dieser konnte mit einer differenziellen Drehimpulsbilanz die radienabhängige Umfangsgeschwindigkeit $u(r)$ berechnen. Meißner [34] gibt die radienabhängige Umfangsgeschwindigkeit $u(r)$ und den Drehimpulsparameter D, der den Drehimpulsaustausch zwischen Gas und Wand beschreibt, folgendermaßen an:

$$u(r) = \frac{u_a}{\frac{r}{r_a}\left(1 + D\left[1 - \frac{r}{r_a}\right]\right)} \tag{2.41}$$

$$D = \frac{u_a\left(\lambda_d + \frac{\lambda_k}{\sin(\epsilon)}\right)}{w_a} \tag{2.42}$$

Mit ϵ beschreibt er den Winkel zwischen Konus und Zyklonachse. Weiterhin gibt Meißner [34] die Umfangsgeschwindigkeit auf dem Außenradius u_a wie folgt an:

$$u_a = u'_a\left[1 - \left(\frac{h_z}{r_a} + \frac{h_e}{r_a}\left\{\frac{2\pi - \arccos\left(1 - \frac{b_e}{r_a}\right)}{2\pi} - 1\right\}\right)\frac{\lambda_e u'_a}{w_a}\right] \tag{2.43}$$

Die axiale Stirnflächengeschwindigkeit w_a, die reibungsfreie Umfangsgeschwindigkeit auf dem Außenradius u'_a und der Einschnürkoeffizient β berechnen sich zu:

$$w_a = \frac{\dot{V}}{\pi {r_a}^2} \tag{2.44}$$

$$u'_a = \frac{\pi r_a^2 w_a}{h_e b_e \beta} \tag{2.45}$$

$$\beta = 0,889 - 0,204\frac{b_e}{r_a} \tag{2.46}$$

Die Umfangsgeschwindigkeit wird durch die Wandreibungskoeffizienten des Konus λ_k, des Einlaufs λ_e und des Deckels λ_d bestimmt. Vereinfachend setzen Mothes und Löffler [38] die Wandreibungskoeffizienten gleich und verwenden unter Bezug auf Meißner [34] folgende Wertebereiche:

$$\lambda_k = \lambda_e = \lambda_d = 0,0065 - 0,0075 \tag{2.47}$$

Für die Radialgeschwindigkeit wird weiterhin angenommen, dass diese in Wandnähe vernachlässigbar und auf dem Tauchrohrradius konstant über die gesamte Höhe ist.

$$w_r(r_a) = 0 \tag{2.48}$$

$$w_r(r_i) = \frac{\dot{V}}{2\pi r_i\,(h - h_{tr})} \tag{2.49}$$

Die Axialgeschwindigkeit wird in den jeweiligen Bereichen als konstant angesetzt. Weiterhin wird eine lineare Abnahme des Volumenstroms über die Höhe z angenommen:

$$\dot{V}(z) = \dot{V}\frac{h - z}{h - h_{tr}} \qquad \text{für } h_{tr} \leq z \leq h \tag{2.50}$$

Modell zur Bestimmung des Trenngrades

Zur Berechnung des Trenngrades wird der Zyklon von Mothes und Löffler [38] in vier Bereiche aufgeteilt. Hierfür wird die tatsächliche Bauform des Zyklons bestehend aus einem konischen und einem zylindrischen Teil auf eine rein zylindrische Bauform zurückgeführt. Dabei ist V_{Zyklon} das Bauvolumen und h die Gesamthöhe des Zyklon. Hieraus wird der fiktive Außenradius r_a^* berechnet.

$$r_a^* = \sqrt{\frac{V_{Zyklon}}{\pi h}} \tag{2.51}$$

Durch die Einführung des fiktiven Zyklonaußenradius r_a^* konnten Mothes und Löffler [38] das Abscheideraumvolumen aus Verweilzeitgründen gleich halten. Eine Variation der Zyklonhöhe schlossen sie für das Trenngradmodell aus, um die für die Abscheidung wichtige Radialgeschwindigkeit nicht zu beeinflussen. Für Messungen variierten Mothes und Löffler [38] die Zyklonhöhe und den Konusneigungswinkel, um die Abhängigkeit des Trenngrades von der Größe und Form des Abscheideraums festzustellen. Hierbei fanden sie bei unveränderter Zyklonhöhe nur eine unwesentliche, aber erkennbare Verschlechterung des Trenngrades für unterschiedliche Konusneigungswinkel. Für einen Konuswinkel von 15° stellten sie keine wesentliche Abhängigkeit der gemessenen Trenngrade von der Zyklonhöhe fest, während die berechneten Trenngrade bei kürzeren Zyklonen schlechter wurden. Bei der Berechnung der axialen Partikelkonzentrationen im Abscheideraum gehen Mothes und Löffler [38] von einer vollständigen radialen Rückvermischung der Partikeln in den jeweiligen Abscheidebereichen aus. Dieser Ansatz ist die Basis für die im Folgenden dargestellte Erweiterung von Lorenz [32] und Morweiser [36].

2.3.4 Lorenz und Morweiser

Lorenz [32] baut sein Modell zur Berechnung des Trenngrades auf den Überlegungen von Mothes und Löffler[38] auf. Bei seinem Modell ersetzt er die von Mothes und Löffler [38] als konstant gewählten Wandreibungskoeffizienten durch eine von ihm ermittelte Formel, die die Stoffeigenschaften auf den Wandreibungskoeffizienten über eine Reynoldszahl erfasst.

Lorenz [32] definiert den Wandreibungskoeffizienten nach einer empirisch ermittelten Formel:

$$\lambda_0 = 0,005 + \frac{287,4}{Re_w} \tag{2.52}$$

mit

$$Re_w = \frac{u'_a \rho_g 2r_a}{\eta} \tag{2.53}$$

Um den Sekundärvolumenstrom entlang des Zyklondeckels zu berücksichtigen, erweitert Lorenz [32] das Modell von Mothes und Löffler [38] um drei zusätzliche Abscheidebereiche:

- Eintrittsbereich e
- Deckelströmungsbereich d
- Tauchrohrbereich tr.

Zur Berechnung des Sekundärvolumenstroms wählt Lorenz einen Ansatz von Ebert [17]. In der weiterführenden Arbeit von Morweiser [36] gelang es, über eine Betrachtung der Grenzschichtströmung den Wandreibungskoeffizienten λ_k am Konus analytisch zu berechnen. Dadurch ist eine Berechnung der Grenzschichtvolumenströme möglich.

Morweiser [36] übertrug den Colebrook'schen Ansatz [13] der Rohrströmung auf den Zyklon für den turbulenten Bereich.

$$\frac{1}{\sqrt{\lambda_k}} = \left(1 + \frac{1}{N}\right) \left[3,48 - 4 \log \left(\frac{k \cos \epsilon}{\sigma_k} + \frac{9,35}{Re_{u(r_\sigma)} \sqrt{\lambda_k} \left(1 + \frac{1}{N}\right)} \right) \right] \tag{2.54}$$

Für den laminaren Bereich gibt Morweiser [36] folgenden Zusammenhang an:

$$\lambda_k = \frac{64}{Re_{u(r_\sigma)}} \tag{2.55}$$

Und der mit der Umfangsgeschwindigkeit $u(r_\sigma)$ auf dem Radius der Grenzschicht r_σ gebildeten Reynoldszahl $Re_{u(r_\sigma)}$:

$$Re_{u(r_\sigma)} = \frac{u(r_\sigma) 2\sigma_k \rho_g}{\left(1 + \frac{1}{N}\right) \tan(\epsilon) \eta_g} \tag{2.56}$$

Die Konusgrenzschichtdicke σ_k wird nach dem Ansatz von Morweiser [36] aus dem Produkt der dimensionslosen Grenzschichtdicke Δ_k und dem Außenradius r_a berechnet:

$$\sigma_k = \Delta_k r_a \tag{2.57}$$

$$\Delta_k = \sqrt{R_\sigma^2 + \frac{\dot{V}^*_{sek,k}}{\Lambda_\sigma} + \frac{1}{N}\left(R_\sigma^2 + 1{,}5\frac{\dot{V}^*_{sek,k}}{\Lambda_\sigma}\right) + \frac{1}{N^2}\left(\frac{R_\sigma^2}{2} + \frac{\dot{V}^*_{sek,k}}{\Lambda_\sigma}\right)} - \left(1 - \frac{1}{2N}\right) R_\sigma \tag{2.58}$$

Morweiser [36] setzt $N = 7$ ein. Der Gesamtvolumenstrom $\dot{V}$ teilt sich hierbei auf in die Hauptvolumenströmung $\dot{V}_h$ und die Sekundärvolumenströmung am Deckel $\dot{V}_{sek,d}$ sowie am Konus $\dot{V}_{sek,k}$.

$$\dot{V} = \dot{V}_h + \dot{V}_{sek,d} + \dot{V}_{sek,k} \tag{2.59}$$

Durch Normierung auf $\dot{V}$ folgt:

$$1 = \dot{V}^*_h + \dot{V}^*_{sek,d} + \dot{V}^*_{sek,k} \tag{2.60}$$

Die Sekundärvolumenströme berechnen sich mit den auf den Außenradius r_a bezogenen Größen

$$R = \frac{r}{r_a}, \qquad R_\sigma = \frac{r_\sigma}{r_a} = \frac{r_w - \sigma_k}{r_a}, \qquad R_u = \frac{r_u}{r_a}, \qquad R_i = \frac{r_i}{r_a}, \qquad R_w = \frac{r_w}{r_a}$$

$$\dot{V}^*_{sek,k} = \frac{u_a}{w_a}\frac{\lambda_k}{\sin\epsilon}(R_\sigma - R_u)\dot{V}^*_h \tag{2.61}$$

$$\dot{V}^*_{sek,d} = \frac{u_a}{w_a}\lambda_d(1 - R_i)\dot{V}^*_h \tag{2.62}$$

mit

$$\dot{V}_h^* = \frac{1}{1 + \frac{u_a}{w_a}\lambda_d(1 - R_i) + \frac{u_a}{w_a}\frac{\lambda_k}{\sin\epsilon}(R_\sigma - R_u)} \qquad (2.63)$$

Λ_σ in Gleichung 2.58 setzt Morweiser [36] nach Messungen von Meißner [34] zu 2,5. Weiterhin setzt er $R_w = 0,5$, da der Wandreibungskoeffizient an dieser Stelle in guter Näherung dem Mittelwert über den gesamten Zyklonkonus entspricht. Hieraus lässt sich durch Iteration der Wandreibungskoeffizient λ_k bestimmen. In Abbildung 2.7 ist der Verlauf des Wandreibungskoeffizient am Konus λ_k über der Reynoldszahl $Re_{u(r_\sigma)}$ nach Morweiser [36] dargestellt.

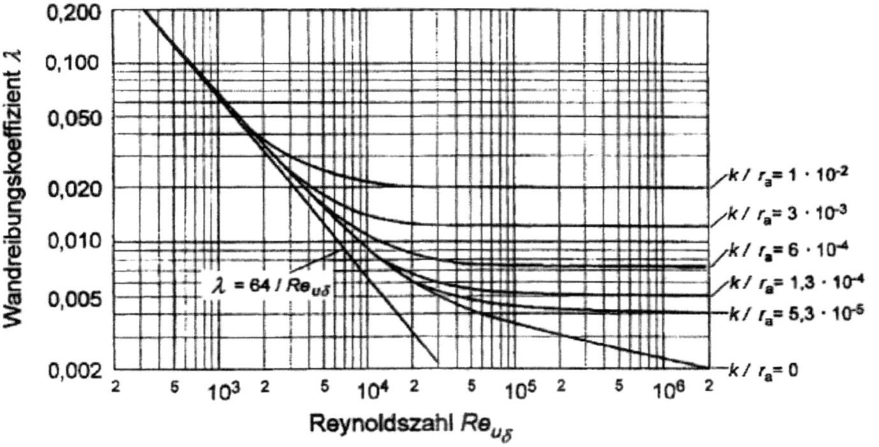

Abbildung 2.7: Wandreibungskoeffizient in Abhängigkeit von der Reynoldszahl $Re_{u(r_\sigma)}$ nach Morweiser [36]

Nach Messungen von Meißner [34] ist der Wandreibungskoeffizient λ_0:

$$\lambda_0 = \lambda_k = \lambda_d = \lambda_e \qquad (2.64)$$

Somit liegt die Lösung für den Wandreibungskoeffizienten λ_0 in Abhängigkeit von der Reynoldszahl $Re_{u(r_\sigma)}$, der Wandrauigkeit k und der Konusgrenzschichtdicke σ_k vor.

Die Tauchrohrgrenzschichtdicke wird von Lorenz [32] und Morweiser [36] aus einer Beziehung von Drabner [16] berechnet, die in Gleichung 2.15 angegeben ist.

Die Berechnung der Deckelgrenzschicht erfolgt mit der Annahme, dass die Deckelsekundärströmung beim Übergang vom Deckel zum Tauchrohr weder beschleunigt noch verzögert wird. Damit sind die beiden Querschnittsflächen der Grenzschichten gleich groß. Hieraus folgt:

$$\pi\left(r_i^{*2} - r_i{}^2\right) = \pi r_i^* \sigma_d \tag{2.65}$$

Weiterhin berücksichtigt Morweiser [36] im Unterschied zu Lorenz [32] die Dicke des Tauchrohres s_{tr}:

$$r_i^* = r_i + s_{tr} + \sigma_{tr} \tag{2.66}$$

Modelle von Lorenz [32] und Morweiser [36] zur Bestimmung des Trenngrades

Lorenz [32] und Morweiser [36] erweiterten das Trenngradmodell von Mothes und Löffler [38] um den Tauchrohrbereich tr, den Einlaufbereich e und den Deckelbereich d wie in Abbildung 2.8 zu sehen. Da die Modelle von Lorenz [32] und Morweiser [36] die Basis für das weiterentwickelte Modell für hochbeladene Zyklone darstellt, wird die Herleitung detailliert wiedergegeben.

Lorenz [32] und Morweiser [36] berücksichtigen für die Abnahme des Volumenstroms über die Zyklonhöhe auch den Sekundärvolumenstrom über den Deckel. Der Gesamtvolumenstrom $\dot{V}$ teilt sich in die Hauptströmung $\dot{V} - \dot{V}_{sek,d}$ und die Deckelsekundärströmung $\dot{V}_{sek,d}$ auf. Beide sind mit der Anfangsfeststoffkonzentration c_0 beladen. Wie in Gleichung 2.50 bei Mothes und Löffler [38] nehmen Lorenz [32] und Morweiser [36] eine lineare Abnahme des Volumenstroms $\dot{V}_h(z)$ über die Höhe an, berücksichtigen jedoch die Verringerung des Volumenstroms um die Deckelsekundärströmung. Lorenz [32] und Morweiser [36] gehen wie Mothes und Löffler [38] von einer vollkommenen radialen Rückvermischung in jedem der Bereiche aus. Somit sind die Konzentrationsverteilungen nur von der Höhe abhängig und deren Änderungen werden über charakteristische radiale Geschwindigkeiten erfasst, die an den Abscheidebereichsgrenzen gewählt werden.

Die tatsächliche Bauform des Zyklons bestehend aus einem zylindrischen und einem konischen Teil wird, wie in Gleichung 2.51 dargestellt, über einen fiktiven Außenradius r_a^* auf eine rein zylindrische Bauform gleichen Bauvolumens und gleicher Bauhöhe überführt.

$$\dot{V}_h(z) = \left(\dot{V} - \dot{V}_{sek,d}\right) \frac{h - z}{h - h_{tr}} \quad \text{für } h_{tr} \leq z \leq h \tag{2.67}$$

Gegenüber Mothes und Löffler [38] (Gleichung 2.49) wird auch die Reduktion der Radialgeschwindigkeit auf dem Tauchrohrradius durch die Sekundärluftströmung $\dot{V}_{sek,d}$ berücksichtigt.

$$w_{ri} = \frac{\dot{V} - \dot{V}_{sek,d}}{2\pi r_i\,(h - h_{tr})} \tag{2.68}$$

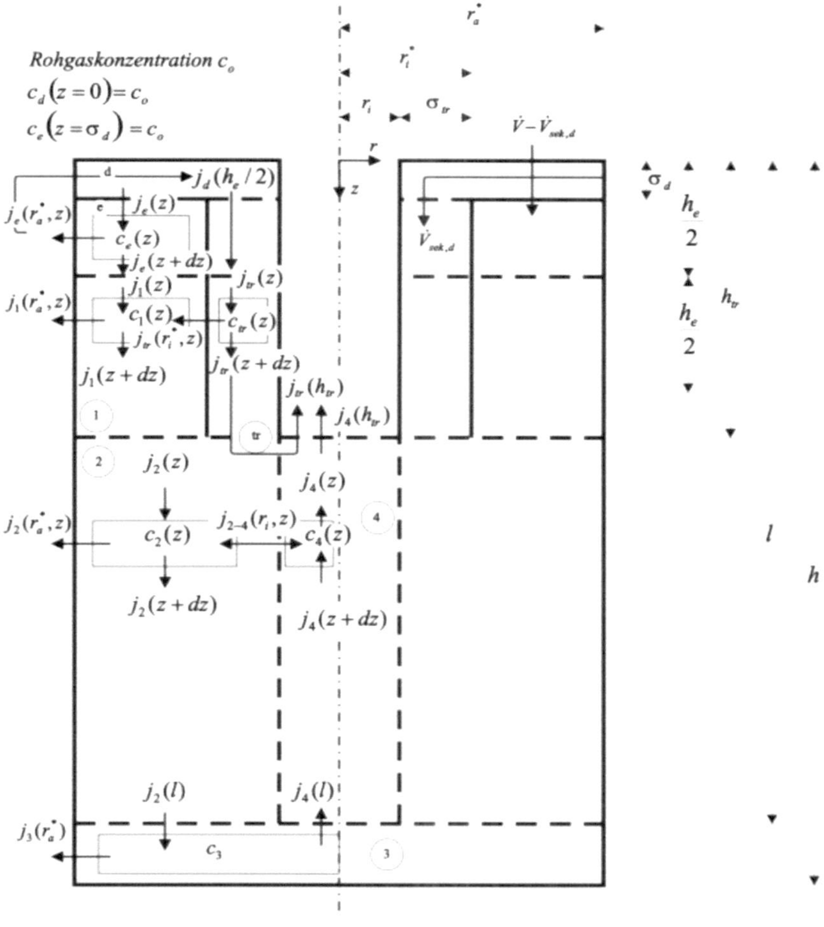

Abbildung 2.8: Abscheidebereiche nach Morweiser [36]

Eintrittsbereich e: $\sigma_d < z \leq h_e/2$

Nach Lorenz [32] und Morweiser [36] beginnt der Eintrittsbereich e ab der Deckelgrenzschichthöhe σ_d und reicht bis zur halben Einlaufhöhe h_e. Im Eintrittsbereich gelangen Partikel, die mit der Partikelsinkgeschwindigkeit $w_s(r_a^*)$ aussedimentiert werden in die Deckelgrenzschicht. Mit der Partikelstromdichte $j_e(r_a^*, z)$ kann die Partikelmassenbilanz für den Einlaufbereich aufgestellt werden.

$$\frac{d}{dz}\left[\left(\dot{V} - \dot{V}_{sek,d}\right) c_e(z)\right] = -2\pi r_a^* j_e(r_a^*, z) \tag{2.69}$$

Hierbei ist die Partikelstromdichte $j_e(r_a^*, z)$ das Produkt der Konzentration und der Sinkgeschwindigkeit an der Wand.

$$j_e(r_a^*, z) = w_s(r_a^*) c_e(z) \tag{2.70}$$

$$w_s(r_a^*) = \frac{(\rho_p - \rho_g)\, {d_p}^2\, (u(r_a^*))^2}{18 \eta r_a^*} \tag{2.71}$$

Somit kann die Differenzialgleichung wie folgt aufgestellt werden.

$$\frac{d}{dz}\left[\left(\dot{V} - \dot{V}_{sek,d}\right) c_e(z)\right] = -2\pi r_a^* w_s(r_a^*) c_e(z) \tag{2.72}$$

Da $\dot{V} - \dot{V}_{sek,d}$ konstant und somit unabhängig von der Höhe z ist, kann die Differenzialgleichung umgeschrieben werden.

$$\frac{dc_e(z)}{dz} = -\frac{2\pi r_a^* w_s(r_a^*)}{\dot{V} - \dot{V}_{sek,d}} c_e(z) \tag{2.73}$$

Mit der Anfangsbedingung $c_e(\sigma_d) = c_0$ folgt die Lösung der inhomogenen linearen Differenzialgleichung:

$$c_e(z) = c_0 e^{-\left\{\frac{2\pi r_a^* w_s(r_a^*)}{\dot{V} - \dot{V}_{sek,d}} (z - \sigma_d)\right\}} \tag{2.74}$$

Deckelbereich d: $0 < z \leq \sigma_d$

Die Deckelsekundärströmung $\dot{V}_{sek,d}$ verläuft parallel zur Hauptströmung des Eintrittsbereiches e. Sie reichert sich in axialer Richtung mit Partikeln an, die aus dem Eintrittsbereich e abgeschieden werden. Diese sind vornehmlich gröber als der mittlere Partikeldurchmesser der Aufgabegutverteilung. Die Partikelmassenbilanz liefert:

$$\frac{d}{dz}\left(\dot{V}_{sek,d}c_d(z)\right) = 2\pi r_a^* j_e(r_a^*, z) \tag{2.75}$$

Mit der Partikelstromdichte $j_e(r_a^*, z)$ aus Gleichung 2.70 und der Lösung für $c_e(z)$ aus Gleichung 2.74 kann Gleichung 2.75 wie folgt geschrieben werden:

$$\frac{d}{dz}\left(\dot{V}_{sek,d}c_d(z)\right) = 2\pi r_a^* w_s(r_a^*) c_0 e^{-\left\{\frac{2\pi r_a^* w_s(r_a^*)}{\dot{V} - \dot{V}_{sek,d}}(z - \sigma_d)\right\}} \tag{2.76}$$

Mit der Anfangsbedingung $c_d(0) = c_0$ kann die Lösung berechnet werden.

$$c_d(z) = \frac{\dot{V} - \dot{V}_{sek,d}}{\dot{V}_{sek,d}}\left[c_0 e^{\frac{2\pi r_a^* w_s(r_a^*)}{\dot{V} - \dot{V}_{sek,d}}\sigma_d} - c_e(z)\right] + c_0 \tag{2.77}$$

Tauchrohrbereich tr: $h_e/2 < z \leq h_{tr}$

Der Tauchrohrbereich tr beginnt ab der halben Einlaufhöhe h_e und endet mit der Tauchrohrlänge h_{tr}. Partikeln werden aus der Deckelsekundärströmung zum Tauchrohr transportiert. Entlang des Tauchrohres findet eine Abscheidung in den Abscheidebereich 1 statt. Die Abscheidung am Tauchrohr erfolgt nach der Modellannahme erst ab einer Tauchrohrlänge von $h_e/2$. Da von einer vollständigen radialen Rückvermischung ausgegangen wird, besitzt die Tauchrohrgrenzschichtdicke keinen Einfluss auf die Abscheidung. Die Partikelmassenbilanz liefert:

$$\frac{d}{dz}\left(\dot{V}_{sek,d}c_{tr}(z)\right) = -2\pi r_i^* j_{tr}(r_i^*, z) \tag{2.78}$$

mit

$$j_{tr}(z) = w_s(r_i^*) c_{tr}(z) \tag{2.79}$$

Im Bereich von $\sigma_d < z \leq h_e/2$ sedimentieren Partikeln aus dem Eintrittsbereich e in die Deckelgrenzschicht aus. Somit kann die Anfangskonzentration wie folgt festgehalten werden:

$$c_{tr}\left(\frac{h_e}{2}\right) = c_d\left(\frac{h_e}{2}\right) \tag{2.80}$$

Somit kann die zu lösende Gleichung aufgestellt werden:

$$\int\limits_{c_d\left(\frac{h_e}{2}\right)}^{c_{tr}(z)} \frac{dc_{tr}(z)}{c_{tr}(z)} = -\frac{2\pi r_i^* w_s(r_i^*)}{\dot{V}_{sek,d}} \int\limits_{\frac{h_e}{2}}^{z} dz \tag{2.81}$$

Hieraus folgt:

$$c_{tr}(z) = c_d\left(\frac{h_e}{2}\right) e^{-\left[\frac{2\pi r_i^* w_s(r_i^*)}{\dot{V}_{sek,d}}\left(z - \frac{h_e}{2}\right)\right]} \tag{2.82}$$

Abscheidebereich 1: $h_e/2 < z \leq h_{tr}$

Der Abscheidebereich 1 beginnt bei der halben Einlaufhöhe h_e und endet auf Höhe des Tauchrohreintritts h_{tr}. In den Abscheidebereich 1 werden Partikeln aus der Tauchrohrgrenzschicht tr aufgegeben und es findet eine Partikelabscheidung an der Zyklonwand statt. Die Partikelmassenbilanz kann wie folgt aufgestellt werden:

$$\frac{d}{dz}\left[\left(\dot{V} - \dot{V}_{sek,d}\right) c_1(z)\right] = -2\pi r_a^* j_1(r_a^*, z) + 2\pi r_i^* j_{tr}(r_i^*, z) \tag{2.83}$$

mit

$$j_1(r_a^*, z) = w_s(r_a^*) c_1(z) \tag{2.84}$$

und Gleichung 2.79 folgt:

$$\frac{d}{dz}\left[\left(\dot{V} - \dot{V}_{sek,d}\right) c_1(z)\right] = -2\pi r_a^* w_s(r_a^*) c_1(z) + 2\pi r_i^* w_s(r_i^*) c_{tr}(z) \tag{2.85}$$

Somit lässt sich die zu lösende Differenzialgleichung aufstellen:

$$\frac{dc_1(z)}{dz} = -\frac{2\pi r_a^* w_s(r_a^*)}{\dot{V} - \dot{V}_{sek,d}} c_1(z) + \frac{2\pi r_i^* w_s(r_i^*)}{\dot{V} - \dot{V}_{sek,d}} c_{tr}(z)$$

Die Differenzialgleichung hat die folgende Form:

$$\frac{du}{dz} + p(x)u = q(x) \tag{2.86}$$

mit der allgemeinen Lösung:

$$u = e^{-\int p(x)dx} \left[\int q(x) e^{\int p(x)dx} dx + Const \right] \tag{2.87}$$

Mit der Randbedingung, dass die Konzentrationen an der Übergangsstelle gleich sind

$$c_1 \left(\frac{h_e}{2} \right) = c_e \left(\frac{h_e}{2} \right) \tag{2.88}$$

folgt die Lösung für $c_1(z)$

$$c_1(z) = \frac{\phi_2}{\phi_3 + \phi_1} e^{\phi_3 \left(z - \frac{h_e}{2} \right)} + \left(c_e \frac{h_e}{2} - \frac{\phi_2}{\phi_3 + \phi_1} \right) e^{-\phi_1 \left(z - \frac{h_e}{2} \right)} \tag{2.89}$$

mit:

$$\phi_1 = \frac{2\pi r_a^* w_s(r_a^*)}{\dot{V} - \dot{V}_{sek,d}} \tag{2.90}$$

$$\phi_2 = \frac{2\pi r_i^* w_s(r_i^*)}{\dot{V} - \dot{V}_{sek,d}} c_d \left(\frac{h_e}{2} \right) \tag{2.91}$$

$$\phi_3 = \frac{2\pi r_i^* w_s(r_i^*)}{\dot{V}_{sek,d}} \tag{2.92}$$

Abscheidebereich 2 und 4: $h_{tr} < z \leq l$

Abscheidebereich 2 reicht vom Außenradius r_a^* bis zum Tauchrohrradius r_i. Abscheidebereich 4 stellt den Kernbereich von r_i bis zur Mittelachse dar. Die axiale Strömung ist im Abscheidebereich 2 nach unten und im Abscheidebereich 4 nach oben gerichtet. Aufgrund des Partikelaustausches zwischen beiden Bereichen muss die Partikelmassenbilanz für beide Bereiche gemeinsam aufgestellt werden. Der Partikelaustausch zwischen den Bereichen 2 und 4 wird über die Partikelstromdichte $j_{2-4}(r_i, z)$ erfasst.

$$\frac{d}{dz} \left[\dot{V}_h(z) c_2(z) \right] = -2\pi r_a^* j_2(r_a^*, z) + 2\pi r_i j_{2-4}(r_i, z) \tag{2.93}$$

$$-\frac{d}{dz} \left[\dot{V}_h(z) c_4(z) \right] = -2\pi r_i j_{2-4}(r_i, z) \tag{2.94}$$

Die Partikelstromdichte $j_2(r_a^*, z)$ ist hierbei:

$$j_2(r_a^*, z) = w_s(r_a^*) c_2(z) \tag{2.95}$$

Bei der Partikelstromdichte $j_{2-4}(r_i, z)$ muss eine Fallunterscheidung vorgenommen werden, die berücksichtigt, ob die Partikelsinkgeschwindigkeit auf dem Tauchrohrradius $w_s(r_i)$ größer bzw. kleiner oder gleich der Radialgeschwindigkeit w_{ri} auf dem Tauchrohrradius ist. Weiterhin enthält die Partikelstromdichte $j_{2-4}(r_i, z)$ einen diffusiven Term, der durch das Konzentrationsgefälle zwischen den Bereichen festgelegt wird. Hierbei wurde als charakteristische Länge $r_a^* - r_i$ gewählt. Zudem hängt dieser Term noch von einem Diffusionskoeffizienten D_{turb} ab. Dieser wurde von Mothes und Löffler [38] mit $D_{turb} = 0,0125m^2/s$ angegeben. Lorenz [32] bestimmt D_{turb} durch Anpassung an eigene Trenngradmessungen in Abhängigkeit von der Reynoldszahl Re_{tr}. Bei steigender Temperatur nimmt die Reynoldszahl ab und somit die Turbulenz, wodurch ein geringerer radialer Partikelaustausch stattfindet.

$$D_{turb} = 0,006 \left(1 + arctan\left[\frac{Re_{tr}}{136864}\right]\right) \tag{2.96}$$

$$Re_{tr} = \frac{u_i d_i \rho_g}{\eta} \tag{2.97}$$

Für $w_s(r_i) \geq w_r(r_i)$ definiert als Fall 1 kann die Partikelstromdichte $j_{2-4}(r_i, z)$ wie folgt geschrieben werden.

$$j_{2-4}(r_i, z) = -D_{turb}\frac{c_2(z) - c_4(z)}{r_a^* - r_i} + [w_s(r_i) - w_r(r_i)]\, c_4(z) \tag{2.98}$$

Für $w_s(r_i) < w_r(r_i)$ definiert als Fall 2 wird die Partikelstromdichte $j_{2-4}(r_i, z)$ wie folgt aufgestellt:

$$j_{2-4}(r_i, z) = -D_{turb}\frac{c_2(z) - c_4(z)}{r_a^* - r_i} + [w_s(r_i) - w_r(r_i)]c_2(z) \tag{2.99}$$

Für den Fall 1 mit $w_s(r_i) \geq w_r(r_i)$ und für den Fall 2 mit $w_s(r_i) < w_r(r_i)$ lassen sich die Gleichungen 2.94 und 2.98 unter Berücksichtigung von Gleichung 2.67 und unter Zusammenfassung der konstanten Vorfaktoren in den Konstanten A, B, C und D wie folgt darstellen:

$$(h - z)c_2'(z) + A\, c_2(z) + B\, c_4(z) = 0 \tag{2.100}$$

$$(h - z)c_4'(z) + D\, c_4(z) + C\, c_2(z) = 0 \tag{2.101}$$

Ableiten von 2.100 ergibt:

$$c_4'(z) = -\frac{1}{B}\left[(h - z)\, c_2''(z) + (A - 1)\, c_2'(z)\right] \tag{2.102}$$

Einsetzen der Gleichungen 2.100 und 2.102 in die Gleichung 2.101 führt zu:

$$(h-z)c_2''(z) + (h-z)[-1+A+D]c_2'(z) + [A\,D - B\,C]c_2(z) = 0 \tag{2.103}$$

Durch Substitution von $h-z=z^*$ wird eine Euler'sche Differenzialgleichung erhalten. Für diese erhält man folgende charakteristische Gleichung:

$$m(m-1) + [1-A+D]m + [AD-BC] = 0 \tag{2.104}$$

Die Lösung für den Abscheidebereich 2 ergibt sich nach Rücksubstitution und Normierung auf $(h_{tr}-h)$ und für den Abscheidebereich 4 nach Einsetzen in Gleichung 2.100. Als allgemeine Lösung für beide Fälle ergibt sich:

$$c_2(z) = R_1\left(\frac{h-z}{h-h_{tr}}\right)^{m_1} + R_2\left(\frac{h-z}{h-h_{tr}}\right)^{m_2} \tag{2.105}$$

$$c_4(z) = R_1\left(\frac{m_1-A}{B}\right)\left(\frac{h-z}{h-h_{tr}}\right)^{m_1} + R_2\left(\frac{m_2-A}{B}\right)\left(\frac{h-z}{h-h_{tr}}\right)^{m_2} \tag{2.106}$$

Mit den Randbedingungen, dass die Konzentrationen der Bereiche c_2 und c_1 auf der Höhe des Tauchrohres h_{tr} gleich sind ($c_2(h_{tr}) = c_1(h_{tr})$) und dass die wiederaufgewirbelte Konzentration auf der Höhe l der Bereiche c_4 und c_3 gleich sind ($c_3(l) = c_4(l)$), können die Konstanten $m_{1,2}$, R_1, R_2, D, F und E wie folgt bestimmt werden:

$$m_{1,2} = \frac{A+D}{2} \pm \sqrt{\left(\frac{A+D}{2}\right)^2 - (A\,D - B\,C)} \tag{2.107}$$

$$R_1 = c_1(h_{tr}) - R_2 \tag{2.108}$$

$$R_2 = \frac{c_1(h_{tr}) + F\left[\left(\frac{h-l}{h-h_{tr}}\right)^{m_1}\left(1-\frac{E(m_1-A)}{B}\right)\right]^{-1}}{1-\left(\frac{B-E(m_2-A)}{B-E(m_1-A)}\right)\left(\frac{h-l}{h-h_{tr}}\right)^{m_2-m_1}} \tag{2.109}$$

$$D = B - 1 \tag{2.110}$$

$$F = \frac{\dot{m}_\omega}{\dot{V}_h(l)} \tag{2.111}$$

$$E = 1 + \frac{2\pi r_a^* w_s(r_a^*)(h-l)}{\dot{V}_h(l)} \tag{2.112}$$

Die Konstanten A, B und C unterscheiden sich in beiden Fällen. Nachfolgend sind die Konstanten fallbezogen angegeben.

Konstanten für Fall 1:

$$A = \frac{2\pi r_a^* w_s(r_a^*)(h - h_{tr})}{\dot{V} - \dot{V}_{sek,d}} + \frac{2\pi D_{turb} r_i (h - h_{tr})}{(\dot{V} - \dot{V}_{sek,d})(r_a^* - r_i)} - 1 \quad (2.113)$$

$$B = -\frac{2\pi r_i (w_s(r_i) - w_r(r_i))(h - h_{tr})}{\dot{V} - \dot{V}_{sek,d}} - \frac{2\pi D_{turb} r_i (h - h_{tr})}{(\dot{V} - \dot{V}_{sek,d})(r_a^* - r_i)} \quad (2.114)$$

$$C = \frac{2\pi D_{turb} r_i (h - h_{tr})}{(\dot{V} - \dot{V}_{sek,d})(r_a^* - r_i)} \quad (2.115)$$

Konstanten für Fall 2:

$$A = \frac{2\pi r_a^* w_s(r_a^*)(h - h_{tr})}{\dot{V} - \dot{V}_{sek,d}} + \frac{2\pi D_{turb} r_i (h - h_{tr})}{(\dot{V} - \dot{V}_{sek,d})(r_a^* - r_i)} - 1 - \frac{2\pi r_i (w_s(r_i) - w_r(r_i))(h - h_{tr})}{\dot{V} - \dot{V}_{sek,d}} \quad (2.116)$$

$$B = -\frac{2\pi D_{turb} r_i (h - h_{tr})}{(\dot{V} - \dot{V}_{sek,d})(r_a^* - r_i)} \quad (2.117)$$

$$C = \frac{2\pi D_{turb} r_i (h - h_{tr})}{(\dot{V} - \dot{V}_{sek,d})(r_a^* - r_i)} - \frac{2\pi r_i (w_s(r_i) - w_r(r_i))(h - h_{tr})}{\dot{V} - \dot{V}_{sek,d}} \quad (2.118)$$

Wiederaufwirbelungsbereich 3: $l < z \leq h$

Im Abscheidebereich 3 oberhalb des Partikelaustrages tritt eine Wiederaufwirbelung abgeschiedener Partikel auf. Der Bereich erstreckt sich von $l < z \leq h$ in axialer Richtung. Das Aufstellen der Massenbilanz für den Wiederaufwirbelungsbereich 3 führt zu:

$$j_2(l)\pi(r_a^{*2} - r_i^2) - j_4(l)\pi r_i^2 - j_3(r_a^*)2\pi r_a^*(h - l) = 0 \quad (2.119)$$

Die Partikelstromdichten $j_3(r_a^*)$, $j_2(l)$ und $j_4(l)$ sind wie nachfolgend beschrieben:

$$j_3(r_a^*) = w_s(r_a^*)c_3 - \frac{\dot{m}_\omega}{2\pi r_a^*(h - l)} \quad (2.120)$$

$$j_2(l) = \frac{\dot{V}_h(l)}{\pi(r_a^{*2} - r_i{}^2)} c_2(l) \quad (2.121)$$

$$j_4(l) = \frac{\dot{V}_h(l)}{\pi r_i{}^2} c_4(l) \quad (2.122)$$

Zur Berechnung der Wiederaufwirbelung nimmt Lorenz [32] an, dass nur die Partikelmasse wieder aufgewirbelt werden kann, die bis zum Eintritt in den Bereich 3 abgeschieden wurde.

$$\dot{m}_{\omega,max} = \dot{V} c_0 - \dot{V}_h(h_{tr}) c_4(h_{tr}) - \dot{V}_{sek,d} c_{tr}(h_{tr}) \tag{2.123}$$

Der wiederaufgewirbelte Massenstrom $\dot{m}_\omega$ ergibt sich aus dem maximal möglichen Partikelmassenstrom $\dot{m}_{\omega,max}$ multipliziert mit einem Wiederaufwirbelungskoeffizienten ω:

$$\dot{m}_\omega = \dot{m}_{\omega,max}\omega \tag{2.124}$$

Lorenz [32] gibt für den Wiederaufwirbelungskoeffizienten ω eine empirische Abhängigkeit von der Reynoldszahl Re_u an. Er begründet die Zunahme des Wiederaufwirbelungskoeffizienten ω mit sinkender Reynoldszahl durch die wachsende Grenzschichtdicke am Zyklonkonus. Hierdurch steigt der Anteil wiederaufgewirbelter Partikeln an und die Stabilisierung des Wirbelkerns nimmt ab. In seiner weiterführenden Arbeit passte Morweiser [36] den Wiederaufwirbelungskoeffizienten ω entsprechend an seine Messungen an und erhielt:

$$\omega = 0,5 - 0,318 arctan\left(\frac{Re_u - 60000}{11000}\right) \tag{2.125}$$

$$Re_u = \frac{u_u d_u \rho_g}{\eta} \tag{2.126}$$

Um die Länge des Wiederaufwirbelungsbereichs zu bestimmen, legte Lorenz [32] die selbe Abhängigkeit von der Reynoldszahl zugrunde wie für den Wiederaufwirbelungskoeffizienten. Weiterhin begrenzte er die Länge der Wiederaufwirbelungszone auf $0,05 \leq (h-l)/(h-h_{tr}) \leq 0,25$.

$$\frac{h-l}{h-h_{tr}} = 0,15 + 0,06 arctan\left[\frac{Re_u - 35776}{10548}\right] \tag{2.127}$$

Morweiser [36] berechnet mit der Grenzschichtdicke am Konus σ_k nach Gleichung 2.57 die Wiederaufwirbelungzone wie folgt:

$$h - l = \frac{\sigma_k}{\tan\epsilon} \tag{2.128}$$

Auflösen der Massenbilanz mit den Partikelstromdichten liefert die Lösung für c_3

$$c_3 = \frac{c_2(l) + \dfrac{\dot{m}_\omega}{\dot{V}_h(l)}}{1 + \dfrac{2\pi r_a^* w_s(r_a^*)(h-l)}{\dot{V}_h(l)}} = \frac{c_2(l) + F}{E} \tag{2.129}$$

Die Lösung der Gleichungen für die Abscheidebereiche liefert die Partikelkonzentration über die axiale Koordinate z. Der Partikelmassenstrom im Reingas ergibt sich aus den Partikelkonzentrationen in der Hauptströmung und in der Deckelsekundärströmung beim Eintritt in das Tauchrohr. Beide Konzentrationen gehen entsprechend ihres Volumenstromanteils in die Berechnung des Trenngrades ein.

$$\eta(d_p) = 1 - \frac{\frac{\dot{V}_{sek,d}}{\dot{V}} c_{tr}(h_{tr}, d_p) + \frac{\dot{V}_h(h_{tr})}{\dot{V}} c_4(h_{tr}, d_p)}{c_0(d_p)} \tag{2.130}$$

2.3.5 Einfluss der Feststoffbeladung

Bei jedem Strömungsvorgang eines Gasfeststoffgemisches findet eine gegenseitige Beeinflussung statt. Der Gesamttrenngrad eines Zyklons steigt mit zunehmender Rohgaspartikelkonzentration, jedoch nimmt die Umfangsgeschwindigkeit im Zyklon deutlich ab. Die Abnahme der Umfangsgeschwindigkeit im Zyklon führt zu einer Reduktion des Druckverlustes bei hohen Beladungen wie von Nagel [45] festgestellt. Muschelknautz [40] geht in der Grenzbeladungshypothese davon aus, dass die Zyklonwirbelströmung ähnlich der pneumatischen Förderung im horizontalen Rohr die Partikeln nur bis zu einer Grenzbeladung μ_G schwebend transportiert. Über die Grenzbeladungshypothese, die im Laufe der Zeit durch Messungen immer weiterentwickelt wurde, lässt sich die Grenzbeladung im Zyklon berechnen. In Abbildung 2.9 ist die Abscheidung am Zykloneinlauf für verschiedene Eintrittsbeladungen μ^* dargestellt.

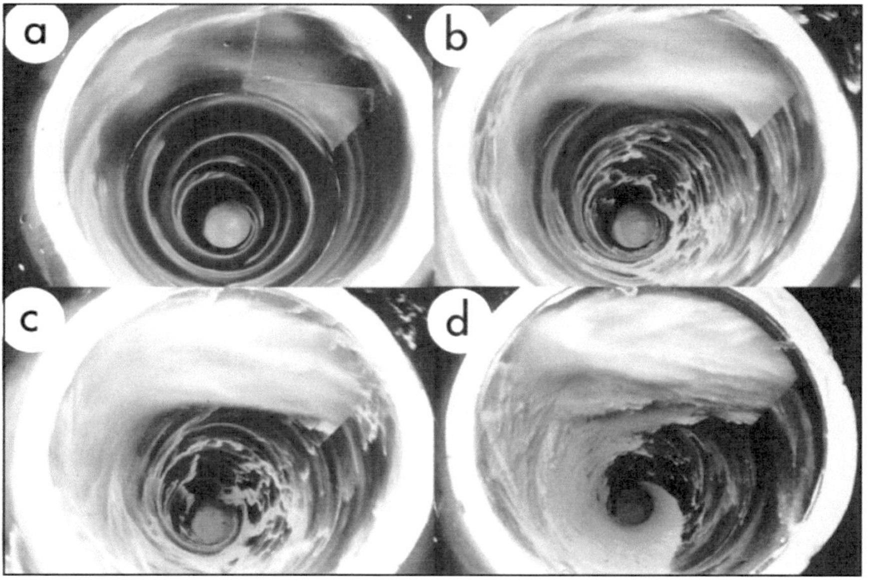

Abbildung 2.9: Partikelsträhnen in einem Zyklon ($r_a/r_i = 400/143$) mit Waschpulver $d_{p50} = 500\ \mu m$ bei verschiedenen Eintrittsbeladungen μ^*: a) $\mu^* = 0{,}01$; b) $\mu^* = 0{,}1$; c) $\mu^* = 1$; d) $\mu^* = 10$, aus Muschelknautz [42]

Der Einschnürkoeffizient β' für die feststoffbeladene Strömung wird nach Gleichung 2.26 berechnet. Mit der Eintrittsbeladung μ^* sinkt die Tangentialgeschwindigkeit im Zyklon. Die Abnahme der relativen Tangentialgeschwindigkeit erfolgt wie in Abbildung 2.10 dargestellt. Die eingezeichnete Kurve stellt eine von Rentschler [51] bestimmte Ausgleichskurve dar. Rentschler [51] konnte keine Abhängigkeit des Verlaufs der relativen Tangentialgeschwindigkeit von der Zyklongeometrie feststellen. Die Abnahme der Tangetialgeschwindigkeit wird über die Zunahme der Wandrauigkeit durch die Wandsträhne erklärt.

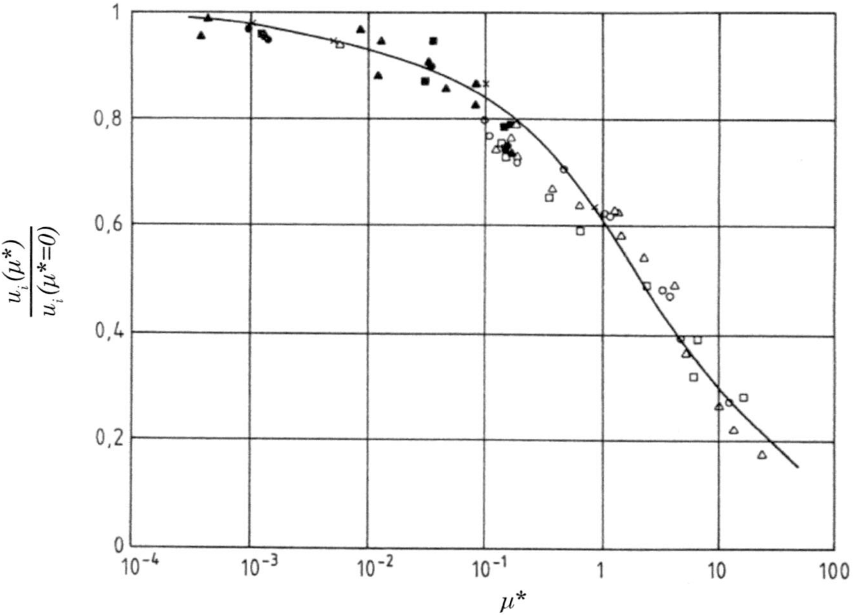

Abbildung 2.10: Einfluss der Feststoffbeladung auf die relative Tangentialgeschwindigkeit nach Rentschler [51]; Quelle des Bildes bei Bohnet [11]

Mothes [37] merkt kritisch zur Grenzbeladungshypothese an, dass diese nicht direkt gemessen wurde, jedoch zufriedenstellende Ergebnisse liefert. Mothes [37] schreibt die höhere Effizienz des Zyklons bei kleinen Partikeln einem Agglomerationsvorgang zu. Dieser beruht auf den unterschiedlichen Sinkgeschwindigkeiten der unterschiedlich großen Partikeln. Er entwickelt zur Abschätzung der agglomerationsbedingten Abscheidung kleinerer Partikeln ein Modell, bei der größere Partikeln aufgrund ihrer höheren Sinkgeschwindigkeit auf kleinere Partikeln aufprallen und diese hierdurch mitreißen.

2.4 Beeinflussung von Trenngrad und Reingasbeladung durch die Einlaufströmung

Die Partikelbewegung im Zyklon ist von der Partikelgröße und von seiner Startposition im Einlauf abhängig. In Abbildung 2.11 sind von Mothes [37] berechnete mittlere Partikelbahnen, die auf dem von Kecke [28] gemessenen Strömungsfeld basieren, dargestellt. Im rechten Teil der Abbildung 2.11 ist zu erkennen, dass eine Partikel von $4\mu m$ Durchmesser abhängig von ihrer Startposition im Einlaufkanal unterschiedlichen Partikelbahnen folgt. Weiterhin ist zu sehen, dass eine Partikel gleichen Durchmessers abgeschieden wird, wenn sie im unteren Bereich des Einlaufs aufgegeben wurde. Wird sie aber im oberen Bereich des Kanals aufgegeben, erfolgt keine Abscheidung. Der linke Teil der Abbildung 2.11 zeigt, dass bei gleicher Startposition und unterschiedlichen Partikeldurchmessern, Partikeln unter einer gewissen Größe nicht mehr abgeschieden werden.

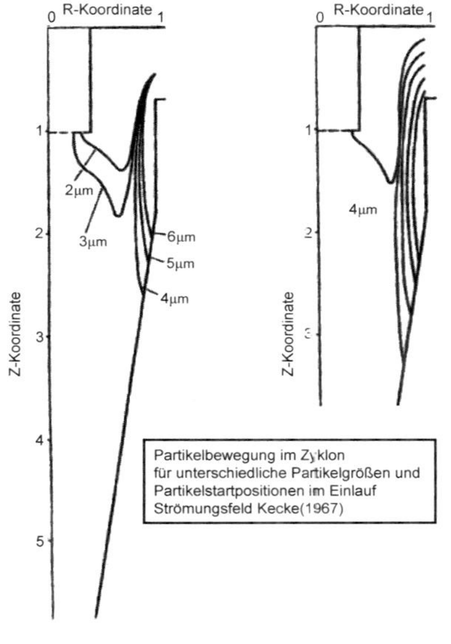

Abbildung 2.11: Partikelbewegung für verschiedene Partikelgrößen und Startpositionen im Einlauf nach Mothes [37]

Nicolai [46] sieht den Zyklon und die Einlaufstrecke als funktionelle Einheit, um die Trennleistung des Zyklons zu steigern. Durch die Ausbildung einer Strähne am

Eintritt und die optimale Einleitung der Strähne in Richtung Feststoffablauf, kann auch für feine, in die Strähne eingebundene Partikelanteile eine hohe Trennung erreicht werden. Nicolai [46] verwendet aufgrund dieser Überlegungen einen sich stetig verjüngenden, tangentialen Zykloneinlauf, der leicht abwärts geneigt ist. Dies soll der beschleunigt einlaufenden Gas-/ Feststoffströmung einen abwärts gerichteten Impuls geben und Ablagerungen im Einlauf vermeiden. Unmittelbar am Einlauf bildet sich eine Feststoffsträhne aufgrund der durch die Wandkrümmung einsetzenden Zentrifugalkraft aus. Die durch die Zentrifugalkräfte an die Wand gedrückte Feststoffsträhne weitet sich nach oben und unten auf. Aus diesem Grund erhöht Nicolai [46] die Zyklondecke um $\sim 0,52\,d_a$ gegenüber dem Einlauf. Nach seiner Vorstellung gelangt die aufwärtsströmende Feststoffsträhne nicht in die Grenzschichtströmung an der Zyklondecke, weshalb er auf die Verwendung eines Tauchrohres verzichtet.

Muschelknautz [41] hat die Gas- und Partikelgeschwindigkeit im Eintrittskanal eines industriellen Rückführzyklons gemessen. Rückführzyklone werden bei **z**irkulierenden **W**irbel**s**chichten (ZWS) zur Rückführung der von der Wirbelschicht ausgetragenen Partikel in den unteren Bereich dieser Wirbelschicht eingesetzt. Muschelknautz [41] stellte für einen hochbeladenen Rückführzyklon fest, dass die Beladung und die mittlere Partikelgröße über die Höhe des Einlaufkanals hinweg unterschiedlich ist. Eine Einteilung des Kanals in drei übereinander liegende Schichten zur Beschreibung ist für ihn ausreichend. Muschelknautz [41] setzt für die Beladung in der untersten Schicht $\mu_1 = 1,5\,\mu^*$ und für die mittlere Partikelgröße $d_{p50,1} = 2\,d_{p50,2}$ ein. Für die mittlere Schicht gibt er $\mu_2 = \mu^*$ und $d_{p50,2} = d_{p50}$ an. Die oberste Schicht ist entsprechend feiner und weniger beladen und wird mit $\mu_3 = 0,5\,\mu^*$ und $d_{p50,3} = 0,7\,d_{p50,2}$ angegeben.

Hugi [26] untersuchte in seiner Arbeit unter anderem die Feststoffgeschwindigkeiten und Feststoffvolumenkonzentrationen im Einlaufkanal eines Zyklons in der ZWS. Hugi [26] stellte fest, dass die im Steigrohr aufwärts gerichete Strömung eine Querbeschleunigung beim Eintritt in den Zyklonkanal erfährt. Durch seine Trägheit entmischt sich der Feststoff und tritt mehrheitlich im oberen Bereich des Strömungsquerschnitts im Einlaufkanal ein. Hugi [26] stellte fest, dass es zu einer eingeschränkten Beschleunigung mit siginifikanter Relativgeschwindigkeit zwischen Feststoff und Gas kommt. Ein Vergleich mit den von Muschelknautz [41] angegebenen dimensionslosen Geschwindigkeiten fällt nach Hugi [26] unbefriedigend aus. Hugi [26] schließt daraus, dass querschnittsgemittelte Gasgeschwindigkeiten keine zuverlässige Auslegungsbasis für hochbeladene Zyklonabscheider sind.

Nach Zenz [62] ist die Abscheidung in einem Zyklon abhängig von der Verteilung der Eingangskonzentration. Zenz [62] schlägt vor, Bögen vor dem Zykloneintritt so weit als möglich anzubringen, um so die Abscheidung nicht negativ zu beeinflussen. Aus der pneumatischen Förderung ist bekannt, dass der Feststoff aufgrund seiner höheren Trägheit in einem Bogen an die Außenseite geschleudert wird. Hier wird der Feststoff erheblich abgebremst und muss im Anschluss an den Bogen wieder beschleunigt werden [10].

Bei industriellen ZWS hat Muschelknautz [44] unter anderem durch eine Kanalverlängerung und den Einbau von Schwellen im Kanal den Trenngrad verbessert. Durch die Verlängerung erreicht er eine höhere Feststoffgeschwindigkeit in den Zyklon (0,5 bis 0,8 v_e). Betriebserfahrungen an den Dampferzeugern A und B des Heizkraftwerks Zeran [31] zeigen, dass die Anordnung des Einlaufkanals zwischen Ofen und Zyklon und somit die Einlaufströmung in den Zyklon entscheidende Bedeutung haben. Weitere Erfahrungen an RWE-Kraftwerken [52] zeigen, dass eine Steigerung des Zyklontrenngrades durch die Gestaltung des Einlaufkanals erreicht werden kann.

- Anordnung des Einlaufkanals in Richtung des Zyklons so, dass Feststoff aus dem Ofen bereits zur äußeren Einlaufwand befördert wird
- ausreichende Länge des Einlaufkanals
- abwärts geneigte Ausführung des Einlaufkanals

Für den Rückführzyklon des ZWS Kraftwerks wurde festgestellt, dass sich Partikeln an der Innen- und der Oberseite des Zykloneinlaufes ansammeln und dann in den Zyklon gelangen. Zur Verbesserung wurde eine Sprungschanze an der Innen- und Oberseite des Kanals angebracht [54], der die sich anlegenden Partikeln wieder redispergiert.

2.5 Berechnungen von Zyklonen mit numerischer Strömungssimulation

Über die numerische Strömungssimulation (**C**omputational **F**luid **D**ynamics CFD) werden Strömungsprobleme mittels numerischer Methoden approximativ gelöst. Die Strömung wird hierbei durch die Navier-Stokes Gleichung und die Kontinuitätsgleichung beschrieben. Dieses System nicht-linearer, partieller Differenzialgleichungen ist im Allgemeinen nur durch numerische Verfahren einer Lösung zuzuführen. Zwar wäre eine **d**irekte **n**umerische **S**imulation (DNS) möglich, jedoch müsste das Strömungsfeld auch die kleinsten Turbulenzbewegungen auflösen. Um die enormen Rechenzeiten zu reduzieren, werden turbulente Strömungen mit den gemittelten Reynolds-Navier-Stokes-Gleichungen (**R**eynolds **a**veraged **N**avier **S**tokes: RANS) oder über die Auflösung der Grobwirbelstruktur gelöst (**L**arge **E**ddy **S**imulation: LES). Die LES ist die aufwändigere Variante, da hier die Diskretisierung die Grobwirbelstruktur auflöst. Bei den RANS wird die Turbulenz modelliert. Die minimale Information zur Beschreibung großer Wirbel ist die Größe und die Umdrehungszeit. Beim einfachsten Tubulenzmodell, dem $k - \epsilon$ Turbulenz Modell wird angenommen, dass sich die turbulente Viskosität aus der turbulenten kinetischen Energie k und der turbulenten Dissipation ϵ berechnet. Bei den **R**eynoldsspannungs**m**odellen (RSM) werden die sechs Reynoldsspannungen berechnet.

Neben den schon zitierten Arbeiten von Obermair [48], Gordon-Hülgerth [20] und Harasek [23] haben sich noch weitere Autoren mit der numerischen Berechnung der Zylonströmung beschäftigt, von denen nachfolgend einige genannt werden. Slack [56] bezeichnet die durch den Wirbel induzierte Turbulenz im Zyklon als signifikant anisotrop aufgrund des instabilen Dralls und der hohen Scherspannung. Nach Slack [56] berücksichtigt das RSM die Turbulenz angemessen. Slack [56] erreicht eine gute Übereinstimmung seiner Berechnungen mit Messungen der Axial- und Tangentialgeschwindigkeit an verschiedenen axialen Positionen. Weiterhin gibt Slack [56] Hinweise für die Gittergestaltung und Diskretisierung. Gimbun [19] berechnete mit dem RSM die Druckverluste im Zyklon bei verschiedenen Eintrittsgeschwindigkeiten und Temperaturen. Gimbun [19] vergleicht seine berechneten Werte mit experimentellen Werten und gibt eine maximale Abweichung von 3% an.

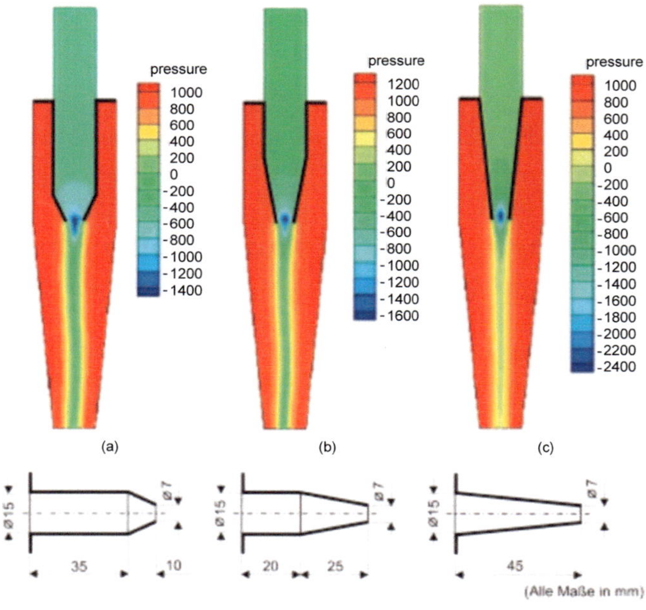

Abbildung 2.12: Druckkonturen in einem Zyklon mit verschiedenen Tauchrohrformen bei einer mittleren axialen Tauchrohrgeschwindigkeit w_i von $7,6 m/s$ nach Raoufi [50]

Raoufi [50] variierte den Durchmesser und die Form des Tauchrohres in einem Zyklon und berechnete den Trenngrad und das Strömungsfeld. Die berechneten Druckverluste und Trenngrade stimmen gut mit seinen Messungen überein. Hervorzuheben ist, dass Raoufi [50] durch seine Berechnungen und Messungen zeigen kann, dass ein Zyklon mit einem konischen Tauchrohr und gleichbleibender Tauchrohrlänge schlechter abscheidet je flacher der Konuswinkel wird. Mit abnehmender Abscheidung nimmt auch der Druckverlust ab. In Abbildung 2.12 ist der Verlauf der Druckkonturen aus der Arbeit von Raoufi [50] zu sehen. Raoufi [50] berechnete auch Zyklone, bei denen er von einem größeren Durchmesser konisch auf einen geringeren Durchmesser reduziert. Er hielt die Tauchrohrlänge gleich und variierte nur den Winkel. Hier wird die Abscheidung mit flacher werdendem Konuswinkel verbessert und der Druckverlust erhöht.

Derksen [15] berechnete mittels LES die Strömung in einem Zyklon. Er konnte sowohl die gemittelten Geschwindigkeiten als auch die turbulenten Schwankungsgeschwindigkeiten in guter Übereinstimmung mit LDA-Messsungen berechnen. Eine gute Übereinstimmung der gemessenen mit den berechneten Trenngraden erreichte er, indem er für verschiedene Zeitschritte berechnete Strömungsergebnisse in periodischer Folge abspielte. Die Partikelbewegung wurde mit dieser periodisch wechselnden Strömung berechnet. Eine Rückwirkung der Partikeln auf die Strömung oder auf die Partikeln selbst wurde nicht berechnet. Derksen [15] gibt als Rechenzeit neun Tage an (Stand 2003). Shalaby [55] wendet erfolgreich die LES zur Berechnung der Strömung und des Trenngrades in einem Zyklon an. Wozniak [61] sieht die komplexe Strömung im Gaszyklon durch die LES Berechung besser wiedergegeben als mit anderen Turbulenzmodellen.

Anh [2] führte die numerische Berechnung und Modellierung der Partikelagglomeration in seiner Arbeit durch. Er konnte zeigen, dass die Partikelagglomeration die Abscheidung im Zyklon verbessert. Die Partikelagglomeration findet vorrangig in Zonen mit hoher lokaler Partikelanzahlkonzentration und turbulenter Fluidschwankung statt. Anh [2] identifizierte diese Bereiche nahe der Wand, des Partikelbunkers oder des zentralen Kernwirbels. Die Agglomerationshäufigkeit wird durch die Partikelkonzentration und -größenverteilung sowie durch den Turbulenzgrad beeinflusst. Anh [2] betrachtet in seiner numerischen Simulation die Partikel-Partikel Kollision als stochastisches Ereignis.

3 Theoretische Untersuchungen

Lorenz [32] und Morweiser [36] haben Berechnungsverfahren für den Druckverlust und Trenngrad von Zyklonen entwickelt, welche den Einfluss von Druck, Temperatur und Volumenstrom für unterschiedliche Geometrien erfassen. Die Modelle basieren auf der Berechnung der Umfangsgeschwindigkeit nach Meißner [34]. Wird die Eintrittsbeladung in den Zyklon gesteigert, erfolgt eine Abscheidung gemäß der Grenzbeladungdhypothese von Muschelknautz [40], die im VDI-Wärmeatlas (Stand 2006) [43] beschrieben wird. Basierend auf diesen beiden Modellansätzen wird ein Verfahren zur Berechnung von hochbeladenen Zyklonen entwickelt. Die Modelle von Lorenz [32] und Morweiser [36] weisen in folgenden Punkten Unzulänglichkeiten auf, die in den in Klammern angegebenen Kapiteln geklärt werden:

- Morweiser [36] gibt den Wandreibungskoeffizienten für den laminaren und turbulenten Bereich in zwei Gleichungen an. Der Wandreibungskoeffizient kann für den Übergangsbereich nicht berechnet werden (Kapitel 3.1).

- Die Reduktion der Tangentialgeschwindigkeit aufgrund der Beladung wird in den Modellen von Morweiser [36] und Lorenz [32] nicht berücksichtigt (Kapitel 3.1).

- Sowohl für den Deckelbereich als auch für den Eintrittsbereich e wird von der Anfangskonzentration c_0 ausgegangen. Eine Verteilung der Partikelkonzentration über die Einlaufhöhe wird nicht berücksichtigt (Kapitel 3.2).

- Eine Berechnung des Trenngrades und des Gesamttrenngrades ist für eine Verkürzung des Tauchrohres unterhalb der Einlaufhöhe h_e mit den Modellen von Morweiser [36] und Lorenz [32] nicht möglich (Kapitel 3.2.2).

- Die Wiederaufwirbelung von Partikeln, die mit der Strähne abgeschieden wurden, bleibt unberücksichtigt (Kapitel 3.2.1).

- Die von Tretz [59] gemessene und im VDI-Wärmeatlas [43] berücksichtigte erhöhte Konzentration im Deckelbereich wird nicht in den Modellen nach Morweiser [36] und Lorenz [32] wiedergegeben (Kapitel 3.2.1).

3.1 Berechnung des Geschwindigkeitsfeldes in hochbeladenen Zyklonen

Um den Trenngrad eines Zyklons berechnen zu können, müssen die Geschwindigkeiten bekannt sein. Zur Berechnung der Geschwindigkeiten sind verschiedene Vorgehensweisen bekannt. Die Abscheidemodelle von Lorenz [32] und Morweiser [36] basieren auf der Berechnung der Umfangsgeschwindigkeit u_i nach Meißner [34], wie in Kapitel 2.3.3 dargestellt. Mit den Modellen von Lorenz [32] und Morweiser [36] werden Trenngrade gut wiedergegeben. Der Einfluss der Beladung wird jedoch nicht berücksichtigt. Weiterhin ist bekannt, dass die Tangentialgeschwindigkeit mit zunehmender Beladung, wie in Abbildung 2.10 dargestellt, abnimmt. Rentschler [51] konnte keine Abhängigkeit des Kurvenverlaufs von der Zyklongeometrie feststellen. Aufbauend auf dieser Feststellung von Rentschler [51] wird angenommen, dass der Verlauf der relativen Tangentialgeschwindigkeit über der Eingangsbeladung μ^* von der Geometrie unabhängig ist und somit für alle Zyklongeometrien gelten muss. Für die in Abbildung 2.10 dargestellte Ausgleichskurve wird folgende Näherungsfunktion aufgestellt:

$$\frac{u_i(\mu^*)}{u_i(\mu^*=0)} = \frac{1}{1,0200007 + 0,60746977 * \mu^{*0,57085515}} \tag{3.1}$$

Durch Auflösen der Gleichung 3.1 lässt sich die Umfangsgeschwindigkeit im feststoffbeladenen Zyklon $u_i(\mu^*)$ bestimmen. Zur Berechnung des Trenngrades muss noch der Sekundärvolumenstrom am Deckel $\dot{V}_{sek,d}$ bekannt sein. Dieser ist, wie von Morweiser [36] gezeigt, vom Wandreibungskoeffizienten des unbeladenen Gases λ_0 abhängig. Morweiser [36] gibt sowohl für den laminaren als auch für den turbulenten Bereich die Gleichungen zur Berechnung des Wandreibungskoeffizienten λ_0 getrennt für den laminaren ($Re_{u(r_\sigma)} > 2300$) und den turbulenten ($Re_{u(r_\sigma)} < 10^5$) Bereich an. Für die Berechnung des Wandreibungskoeffizienten λ_0 für Zyklone, wird eine Gleichung für den Wandreibungskoeffizienten λ_0 über den gesamten Bereich der Reynoldszahl $Re_{u(r_\sigma)}$ aufgestellt. Um eine Bestimmungsgleichung über den gesamten Bereich der Reynoldszahl $Re_{u(r_\sigma)}$ zu erhalten, werden die Gleichungen für den laminaren und turbulenten Bereich superpositioniert:

$$\lambda_0 = \frac{64}{Re_{u(r_\sigma)}} + \left\{ \left(1 + \frac{1}{N}\right) \left[3,48 - 4 \log \left(\frac{k \cos \epsilon}{\sigma_r} + \frac{9,35}{Re_{u(r_\sigma)} \sqrt{\lambda_0} \left(1 + \frac{1}{N}\right)} \right) \right] \right\}^{-2} \tag{3.2}$$

Der Einfluss der Beladung auf die Wandreibung kann nach Gleichung 2.30 durch $\lambda = \lambda_0(1 + 2\sqrt{\mu^*})$ erfasst werden. Weiterhin wird zur Berechnung der beladungsabhängigen Umfangsgeschwindigkeit $u_i(\mu^*)$ noch der beladungsabhängige Einschnürkoeffizient β' nach Gleichung 2.26 berücksichtigt.

Das aufgestellte Modell wird anhand der in Tabelle 3.1 dargestellten Dimensionen und Betriebsbedingungen von zwei Zyklonen nachgerechnet. Die Geometrie des Zyklons 1 entstammt aus der Arbeit von Morweiser [36]. Die Geometrie des Zyklons 2 entstammt aus der Arbeit von Hoffmann [25].

			Zyklon 1	**Zyklon 2**
Volumenstrom	$\dot{V}$	$[m^3/s]$	0,022	0,22
dynamische Viskosität	η_g	$[Pas]$	$17,9\ 10^{-6}$	$18,3\ 10^{-6}$
Gasdichte	ρ_g	$[kg/m^3]$	1,209	1,177
Feststoffdichte	ρ_p	$[kg/m^3]$	2350	2770
Feststoffmassenstrom	$\dot{M}_p$	$[gr/s]$	0,002	1,38
Eintrittsbeladung	μ^*	[-]	$8,3\ 10^{-5}$	$5,4\ 10^{-3}$
Tauchrohrradius	r_i	[mm]	25	75
Zyklonaußenradius	r_a	[mm]	75	200
Partikelaustragsradius	r_u	[mm]	25	90
Tauchrohrlänge	h_{tr}	[mm]	110	180
Tauchrohrstärke	s	[mm]	2	2 (Annahme)
Zyklongesamthöhe	h	[mm]	387	990
Zylindrische Höhe	h_z	[mm]	104	490
Einlaufhöhe	h_e	[mm]	80	175
Einlaufbreite	b_e	[mm]	20	100
Wandrauigkeit	k	[μm]	10	10 (Annahme)

Tabelle 3.1: Dimensionen und Betriebsbedingungen der Zyklone

Wird die Ausgleichskurve nach Gleichung 3.1 und das mit dem vorgestellten Modell berechnete Verhältnis der Tangentialgeschwindigkeiten über der Eintrittsbeladung in einem Diagramm aufgetragen, so ergibt sich Abbildung 3.1. Die Tangentialgeschwindigkeiten werden nach Gleichung 2.41 unter Verwendung des Wandreibungskoeffizienten des unbeladenen Gases λ_0 nach Gleichung 3.2 sowie des beladungsabhängigen Wandreibungskoeffizienten λ nach Gleichung 2.30 berechnet.

In Abbildung 3.1 ist zu sehen, dass mit Gleichung 2.30 der Einfluss der Beladung μ^* auf die Reduktion der Tangetialgeschwindigkeit für diese Zyklongeometrie als zu groß wiedergegeben wird. Dadurch weicht das berechnete Tangentialgeschwindigkeitsverhältnis bei höheren Eingangsbeladungen stark von der Ausgleichskurve ab. Die berechneten Tangentialgeschwindigkeiten bei höheren Eingangsbeladungen μ^* werden zu niedrig berechnet. Außerdem ist zu erkennen, dass die Kurven bei niedrigen Eingangsbeladungen μ^* anfangs nahezu gleich verlaufen, aber später bei Eingangsbeladungen mit $\mu^* > 0,01$ stärker voneinander abweichen.

Der als Näherung in Gleichung 2.30 angegebene Zusammenhang $\lambda = \lambda_0(1 + 2\sqrt{\mu^*})$ erfüllt nicht die Forderung, dass der Verlauf der relativen Tangentialgeschwindigkeit

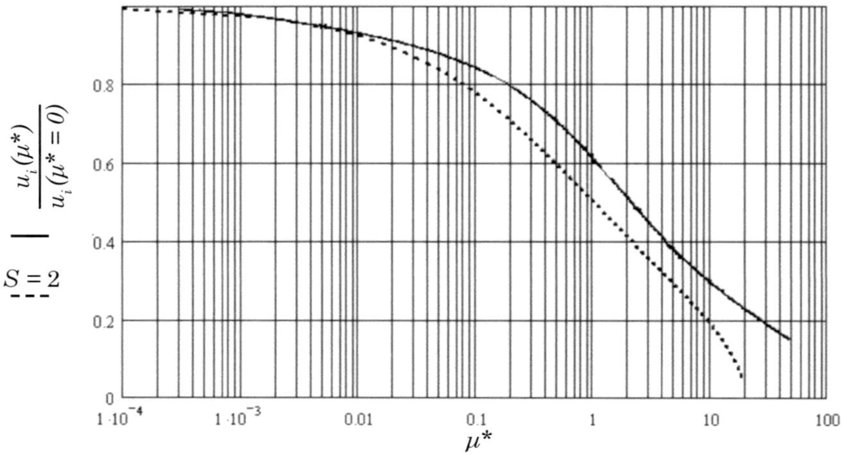

Abbildung 3.1: Berechnete Reduktion der Tangentialgeschwindigkeit mit $\lambda = \lambda_0(1 + 2\sqrt{\mu^*})$ für Zyklon 1 aus Tabelle 3.1 und Ausgleichskurve nach Gleichung 3.1

über der Eingangsbeladung μ^* mit der Ausgleichskurve übereinstimmt. Um diese Forderung zu erfüllen, wird der beladungsabhängige Wandreibungskoeffizient λ des Zyklons über eine modifizierte Gleichung dargestellt.

$$\lambda = \lambda_0(1 + \mathcal{S}\sqrt{\mu^*}) \tag{3.3}$$

Der Strähnenparameter $\mathcal{S}$ wird so angepasst, dass die berechnete Kurve mit der Ausgleichskurve am Punkt der Eintrittsbeladung gut übereinstimmt. Dadurch wird der Einfluss der Beladung auf die beladungsabhängige Tangentialgeschwindigkeit wiedergegeben. Dies wurde für den oben angegebenen Zyklon mit $\mathcal{S} = 1,5$ erreicht. In Abbildung 3.2 ist deutlich zu sehen, dass die Abweichung zwischen beiden Kurven zwar geringer geworden, allerdings nicht über den gesamten dargestellten Eingangsbeladungsbereich konstant ist. Zur Berechnung der beladungsabhängigen Tangentialgeschwindigkeit wird der Faktor $\mathcal{S}$ zweckmäßig so gewählt, dass bei der Eingangsbeladung μ^* des Zyklons eine Übereinstimmung beider Kurven vorliegt.

Durch diese Vorgehensweise ist das Geschwindigkeitsfeld für die weiteren Berechnungen im Zyklon bestimmt. Die so berechnete Tangentialgeschwindigkeit u_i und der Sekundärvolumenstrom am Deckel $\dot{V}_{sek,d}$ werden für die Berechnung der Grenzbeladung nach Gleichung 2.37 verwendet.

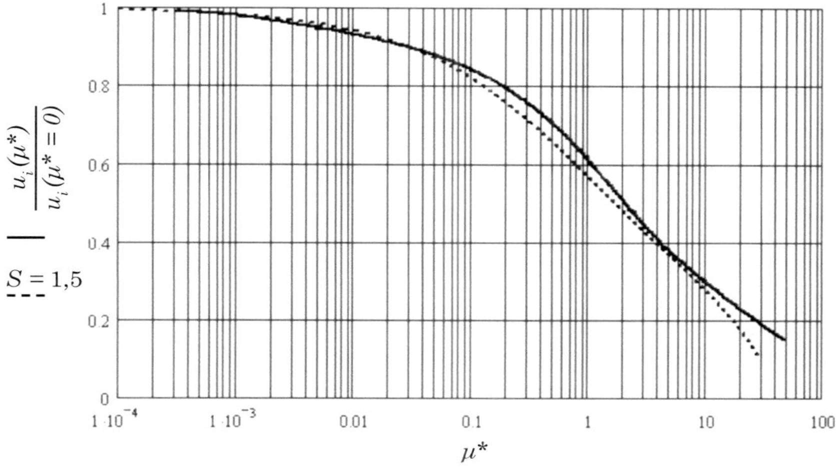

Abbildung 3.2: Berechnete Reduktion der Tangentialgeschwindigkeit mit einem Faktor $\mathcal{S} = 1,5$ für Zyklon 1 aus Tabelle 3.1 und Ausgleichskurve nach Gleichung 3.1

Die Anwendung von Gleichung 2.39 zur Berechnung der Trennpartikelgröße stellt für industrielle Zyklone oft ein Problem dar, da deren Durchmesser des Feststoffauslaufs meist kleiner als der des Tauchrohres ist. Dies erschwert es, die Gesamthöhe h des Zyklons festzulegen. Um die Gesamthöhe h und somit die Trennpartikelgröße der Strähnenabscheidung auch für solche Zyklone berechnen zu können, bei denen der Partikelaustragsdurchmesser kleiner als der Tauchrohrdruchmesser ist, wird Gleichung 2.39 auf eine korrigierte Höhe H bezogen:

$$H = h_z + \frac{r_a - r_u}{\tan(\epsilon)} \tag{3.4}$$

Abbildung 3.3 soll die Schwierigkeit verdeutlichen und zugleich die korrigierte Höhe H darstellen.

Krambock [30] beschreibt, dass bei zu enger Austrittsöffnung, $0 < r_u < r_i$, ein Abknicken der Wirbelachse eintritt und es somit zu einem Wiederaufwirbeln von schon abgeschiedenem Feststoff kommt. Insofern ist obige korrigierte Höhe H als minimal zu korrigierende Höhe anzusehen. Weiterhin wird die Verminderung der inneren Abscheidehöhe h_i durch die Höhe des Wiederaufwirbelungsbereiches nach Morweiser [36] mit $\sigma_k/\tan\epsilon$ berücksichtigt. Somit kann die modifizierte Gleichung für die Grenzpartikel wie folgt geschrieben werden:

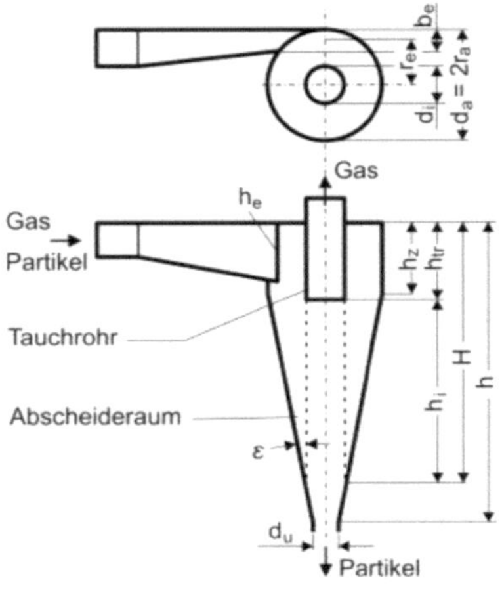

Abbildung 3.3: Darstellung der Zyklongeometrie für industrielle Zyklone

$$d_t = \sqrt{18 \frac{\eta_g(\dot{V} - \dot{V}_{sek})}{(\rho_p - \rho_g) 2\pi \left(H - h_{tr} - \frac{\sigma_k}{\tan \epsilon}\right) {u_i}^2}} \tag{3.5}$$

Die Berechnung der Grenzbeladung μ_G erfolgt mit Gleichung 2.37. Der Exponent k wird nach Gleichung 2.38 und die Trennpartikelgröße d_t nach der modifizierten Gleichung 3.5 berechnet.

Entsprechend wird die lineare Abnahme des Hauptvolumenstroms $\dot{V}_H$ über die Höhe auf die korrigierte Höhe H bezogen.

$$\dot{V}_H(z) = \left(\dot{V} - \dot{V}_{sek,d}\right) \frac{H - z}{H - h_{tr}} \quad \text{für } h_{tr} \leq z \leq H \tag{3.6}$$

3.2 Erweiterung der Abscheidebereiche des Zyklons

In Kapitel 2.4 wurde der Einfluss der Einlaufströmung diskutiert. Entscheidend für die Abscheidung ist auch die Startposition der Partikeln im Einlauf. Trenngrad und Reingasbeladung im Zyklon werden durch die Einlaufströmung beeinflusst. Um diesen Einfluss berechnen zu können, werden die Abscheidemodelle von Lorenz [32] und Morweiser [36] um verschiedene Abscheidebereiche erweitert.

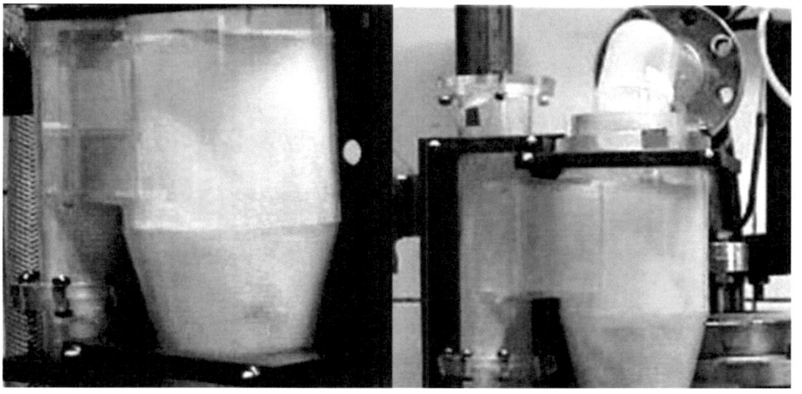

Abbildung 3.4: In einem Laborzyklon zu sehende Deckelsträhne von vorne und von der Seite

In den Abscheidemodellen von Lorenz [32] und Morweiser [36] kann man sehen, dass Partikeln entweder über das Tauchrohr in das Reingas oder über den unter dem Tauchrohr liegenden Abscheidebereich 4 in das Reingas gelangen. Entsprechend wirken auf die Partikeln unterschiedliche Abscheidekräfte. Insofern ist es für die Berechnung des Trenngrades entscheidend, in welchem Bereich die Partikeln dem Zyklon zugeführt werden. Trefz [59] beschreibt in seinen Ausführungen, dass die Deckelgrenzschicht eine höhere Konzentration als die Hauptströmung aufweisst. Ist die Eintrittsströmung in den Zyklon ungünstig, dann ist die Konzentration in der Deckelgrenzschicht um ein Vielfaches höher als nach den Messungen von Trefz [59]. In den Abbildungen 3.4 ist ein Beispiel für eine ungünstige Strömungsgestaltung zu sehen. Die feststoffbeladene Gasströmung gelangt nach dem Aufwärtstransport in einer Steigleitung in den Einlaufkanal des Zyklons. Hierbei kann der Feststoff der Umlenkung nicht so schnell folgen, wie die Gasströmung. Es bildet sich eine höher beladene Deckelströmung aus, die in die Deckelgrenzschicht des Zyklons eintritt.

Abbildung 3.5 zeigt einen Zyklon mit einem schrägen Einlauf. In diesen tritt aus einer Wirbelschicht ein Gasvolumenstrom ein. Der Außenanstrich erfolgte mit einer Farbe, die sich bei höheren Temperaturen dunkel verfärbt. Da Partikeln mehr Wärme an die Wand abgeben als Gas, kann an den dunklen Stellen auf eine höhere Partikelkonzentration im Inneren geschlossen werden. Das bedeutet, dass die Partikeln nicht sofort der Gasströmung des Kanals folgen. Wäre der Eintrittskanal kürzer, würden mehr Partikeln an die Kanaldecke und somit in die Deckelgrenzschicht gelangen.

Um die Feststoffkonzentrationsverteilung in der Einlaufströmung in den Zyklon zu erfassen, wird eine über die Einlaufhöhe veränderliche Konzentration $c_0(z)$ angenommen. Für die Berechnung ist es zweckmäßig, nach der Tauchrohrlänge zu unterschei-

Abbildung 3.5: Einströmung in einen industriellen Zyklon

den. Ist das Tauchrohr länger als der Einlaufkanal, handelt es ich um einen Zyklon mit langem Tauchrohr, während es sich um einen Zyklon mit kurzem Tauchrohr handelt, wenn es kürzer als der Einlaufkanal ist. So ist im Fall des Zyklons mit kurzem Tauchrohr neben dem Partikelaustausch zwischen dem inneren und äußeren Bereich unterhalb des Tauchrohres auch die Einströmung von Partikeln aus dem Einlauf zu berücksichtigen. Auch die Abnahme des Hauptvolumenstroms muß berücksichtigt werden. Im Folgenden werden die Abscheidebereiche und das Abscheidemodell für den Zyklon mit langen und mit kurzen Tauchrohren beschrieben.

Die Berechnung des Trenngrades nach den Modellen von Lorenz [32] und Morweiser [36] und auch nach dem im Folgenden dargestellten erweiterten Modell macht den Einsatz von Computerprogrammen notwendig. Dafür wurde das Programm Mathcad 12 genutzt, das eine schnelle und übersichtliche Programmierung in Form von mathematischen Gleichungen erlaubte. Zur Lösung von Differenzialgleichungen stehen spezielle Funktionen zur Verfügung. Weiterhin erlaubt das Programm die Verwendung von Zahlen und physikalischen Einheiten.

3.2.1 Zyklon mit langem Tauchrohr

In diesem Kapitel wird ein Modell entwickelt, das die Berechnung des Trenngrades für einen Zyklon mit einem Tauchrohr erlaubt, welches über die Einlaufhöhe h_e hinausragt.

3.2.1.1 Abscheidebereiche des Zyklons

Entwickelt aus dem Abscheidebereichmodell nach Abbildung 2.8 wird bei der Erweiterung der Abscheidebereiche in Abbildung 3.6 die Verteilung der Einlaufkonzentration $c_0(z)$ berücksichtigt. Im Gegensatz zu den Abscheidebereichmodellen von Lorenz [32] und Morweiser [36] enthält der Einlaufbereich e und der Abscheidebereich 1 eine zusätzliche Partikelquelle durch das einströmende Gas. Da das Tauchrohr h_{tr} länger als die Einlaufhöhe h_e ist, wird ein neuer Abscheidebereich 11 definiert. Die Abscheidebereiche 2 und 4 entsprechen den Modellen von Lorenz [32] und Morweiser [36]. Im Wiederaufwirbelungsbereich 3 wird der durch die Strähne abgeschiedene Feststoff für die Wiederaufwirbelung berücksichtigt.

3.2.1.2 Abscheidemodell des Zyklons

Über die Eintrittshöhe verteilte Eintrittsbeladung c_0

Die Eintrittsposition einer Partikel in den Zyklon beeinflusst ihre Abscheidung. Um diesen Einfluss berechnen zu können, wird angenommen, dass die Verteilung direkt am Eintritt der Zyklons durch ein Polynom dritten Grades oder durch eine Sprungfunktion angenähert werden kann. Eine Aussage über die Kanalform, die nötig ist, um eine entsprechende Eintrittsverteilung zu erreichen, wird in dieser Arbeit nicht gemacht.

Die Eintrittskonzentration über die Eintrittshöhe h_e kann über ein Polynom dritten Grades wie folgt dargestellt werden:

$$c_0(z) = LC_{00} + L^2C_{01}z + L^3C_{02}z^2 + L^4C_{03}z^3 \tag{3.7}$$

Eine andere Möglichkeit die Eintrittskonzentration über die Eintrittshöhe h_e darzustellen, ist eine Sprungfunktion wie sie unten dargestellt ist:

$$c_0(z) = \begin{cases} Lc_{000} & \text{für } 0 \leq z \leq \sigma_d \\ Lc_{001} & \text{für } \sigma_d < z \leq h_e \end{cases} \tag{3.8}$$

Weiterhin wird noch festgelegt, dass die Eintrittsgeschwindigkeit in die Deckelgrenzschicht $v_{e,d}$ und in die Hauptströmung v_e ist. Durch Kenntniss der Deckelgrenzschichtdicke σ_d aus Gleichung 2.65 lassen sich die konstanten Eintrittsgeschwindigkeiten in die Bereiche folgendermaßen berechnen.

$$v_{eintritt}(z) = \begin{cases} v_{e,d} & \text{für } 0 \leq z \leq \sigma_d \\ v_e & \text{für } \sigma_d < z \leq h_e \end{cases} \tag{3.9}$$

mit

$$v_e = \frac{\dot{V} - \dot{V}_{sek,d}}{b_e(h_e - \sigma_d)} \tag{3.10}$$

$$v_{e,d} = \frac{\dot{V}_{sek,d}}{b_e \sigma_d} \tag{3.11}$$

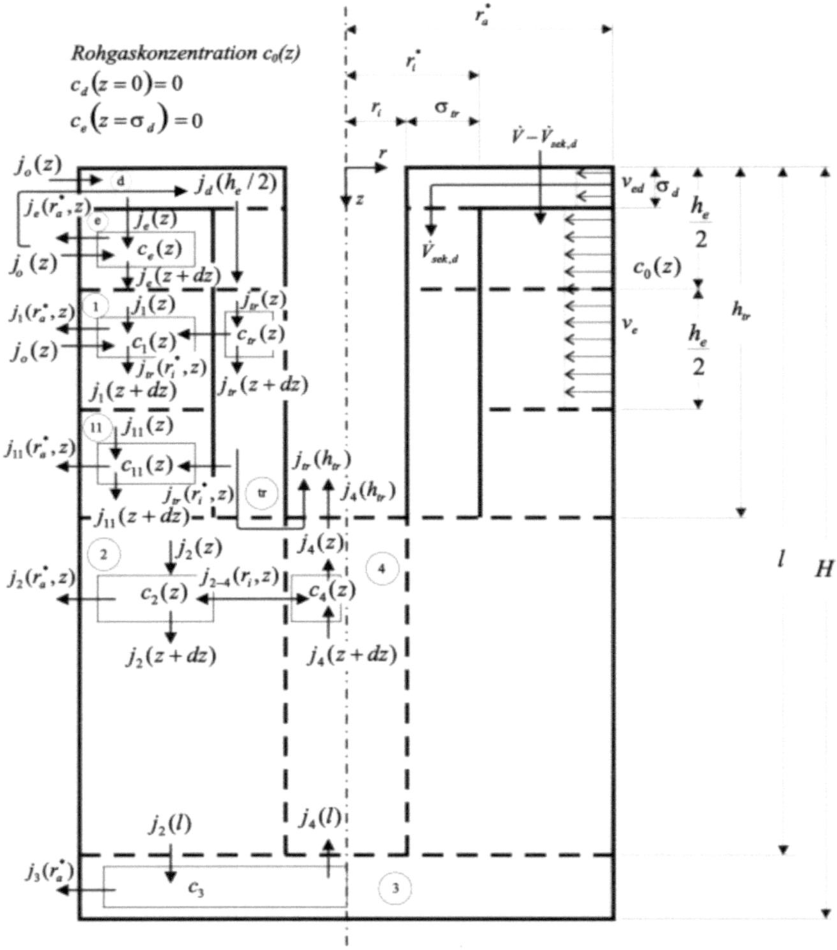

Abbildung 3.6: Erweiterung der Abscheidebereiche und Darstellung der Einlaufkonzentration

Eintrittsbereich e: $\sigma_d < z \leq h_e/2$

Die axiale Ausdehnung des Eintrittsbereiches e wird beibehalten. Auch gilt weiterhin die Annahme, dass Partikeln, die mit der Partikelsinkgeschwindigkeit $w_s(r_a^*)$ aussedimentieren in die Deckelgrenzschicht gelangen. Die Partikelmassenbilanz ist um die Partikelstromdichte j_0 zu erweitern, die als konstant über die Einlaufbreite b_e angenommen wird. Entsprechend kann die Partikelmassenbilanz wie folgt aufgestellt werden:

$$\frac{d}{dz}\left[\left(\dot{V}-\dot{V}_{sek,d}\right)c_e(z)\right] = -2\pi r_a^* j_e(r_a^*, z) + b_e j_0(z) \tag{3.12}$$

Die Partikelstromdichte $j_e(r_a^*, z)$ ist dabei:

$$j_e(r_a^*, z) = w_s(r_a^*) c_e(z) \tag{3.13}$$

Die Partikelstromdichte $j_0(z)$ setzt sich aus dem Produkt der Einlaufgeschwindigkeit v_e und der Einlaufkonzentration $c_0(z)$ zusammen:

$$j_0(z) = v_e c_0(z) \tag{3.14}$$

Somit kann die zu lösende Differenzialgleichung aufgestellt werden:

$$\frac{d}{dz}\left[\left(\dot{V}-\dot{V}_{sek,d}\right)c_e(z)\right] = -2\pi r_a^* w_s(r_a^*) c_e(z) + b_e v_e c_0(z) \tag{3.15}$$

Durch Einführung der Konstanten L und B lässt sich die Differenzialgleichung übersichtlicher darstellen:

$$\frac{dc_e(z)}{dz} = Lc_e(z) + Bc_0(z) \tag{3.16}$$

$$L = -\frac{2\pi r_a^* w_s(r_a^*)}{\dot{V}-\dot{V}_{sek,d}} \tag{3.17}$$

$$B = \frac{b_e v_e}{\dot{V}-\dot{V}_{sek,d}} \tag{3.18}$$

Die Lösung der inhomogenen linearen Differenzialgleichung lautet:

$$c_e(z) = e^{L\,z}\left(\int Bc_0(z)e^{-L\,z}dz + C\right) \tag{3.19}$$

Die gesamte Hauptströmung $\dot{V}-\dot{V}_{sek,d}$ tritt bei der axialen Koordinate σ_d in den Abscheidebereich e ein. Hieraus resultiert als Randbedingung für den Abscheidebereich e:

$$c_e(\sigma_d) = 0 \tag{3.20}$$

Durch Einsetzen dieser Randbedingung in die Gleichung 3.19 mit der Eintrittsverteilung $c_0(z)$ nach Gleichung 3.7 kann die Konstante C bestimmt werden:

$$\begin{aligned} C = e^{-L\sigma_d}(C_{00}\,B + C_{01}\,B\,(\sigma_d L + 1) \\ +C_{02}\,B\left(\sigma_d^2 L^2 + 2\sigma_d L + 2\right) \\ +C_{03}\,B\left(\sigma_d^3 L^3 + 3\sigma_d^2 L^2 + 6\sigma_d L + 6\right)) \end{aligned} \tag{3.21}$$

Somit ergibt sich als Lösung für die Konzentrationsverteilung $c_e(z)$:

$$\begin{aligned} c_e(z) = Ce^{L\,z} - B[C_{00} + C_{01}\,(z\,L + 1) \\ +C_{02}\left(z^2 L^2 + 2z\,L + 2\right) \\ +C_{03}\left(z^3 L^3 + 3z^2 L^2 + 6z\,L + 6\right)] \end{aligned} \tag{3.22}$$

Deckelbereich d: $0 < z \leq \sigma_d$

Die Deckelsekundärströmung verläuft parallel zur Hauptströmung und reichert sich in axialer Richung mit Partikeln an, die aus dem Abscheidebreich e abgeschieden wurden. Die Deckelsekundärströmung $\dot{V}_{sek,d}$ tritt bei der axialen Koordinate $z = 0$ in die Deckelgrenzschicht ein. Die Partikelmassenbilanz bis zur Grenzschichthöhe σ_d unter Berücksichtigung des einströmenden Partikelmassenstroms lautet:

$$\frac{d}{dz}\left(\dot{V}_{sek,d}c_d(z)\right) = b_e j_0(z) \tag{3.23}$$

Hierbei ist die Partikelstromdichte j_0 das Produkt der Einströmgeschwindigkeit $v_{e,d}$ und der Konzentration $c_0(z)$.

$$j_0(z) = v_{e,d}c_0(z) \tag{3.24}$$

Somit folgt:

$$c_d(z) = \int \left(\frac{b_e v_{e,d}}{\dot{V}_{sek,d}} c_0(z)\right) dz \tag{3.25}$$

Mit der Randbedingung:

$$c_d(0) = 0 \tag{3.26}$$

folgt die Lösung für die axiale Konzentrationsverteilung $c_d(z)$ im Bereich $0 < z \leq \sigma_d$:

$$c_d(z) = \frac{b_e v_{e,d}}{\dot{V}_{sek,d}} \left(L\, C_{00} z + L^2 C_{01} \frac{z^2}{2} + L^3 C_{02} \frac{z^3}{3} + L^4 C_{03} \frac{z^4}{4} \right) \tag{3.27}$$

Weiterhin müssen noch die im Einlaufbereich $\sigma_d \leq z \leq h_e/2$ mit der Partikelsinkgeschwindigkeit $w_s(r_a{}^*)$ aussedimentierten und in die Deckelgrenzschicht übergegangenen Partikeln berücksichtigt werden. Diese Annahme entspricht der in den Modellen von Lorenz [32] und Morweiser [36]. Somit kann c_d im Bereich von $\sigma_d < z \leq h_e/2$ folgendermaßen festgelegt werden:

$$\frac{d}{dz} \left(\dot{V}_{sek,d} c_d(z) \right) = +2\pi r_a^* j_e(r_a^*, z) \tag{3.28}$$

Um die Bezeichnung eindeutig zu machen, wird diese Funktion als c_{d1} bezeichnet. Als Randbedingung wird definiert, dass am Übergang der Grenzschicht die Konzentrationen übereinstimmen $c_{d1}(\sigma_d) = c_d(\sigma_d)$. Somit folgt für die Konzentrationsverteilung c_{d1}:

$$\begin{aligned} c_{d1}(z) = \frac{2\pi r_a^* w_s(r_a^*)}{\dot{V}_{sek,d}} \Bigg[\frac{C}{L} \left(e^{Lz} - e^{L\sigma_d} \right) - B \Bigg(C_{00}(z - \sigma_d) \\ + C_{01} \left(\frac{z^2 - \sigma_d{}^2}{2} L + z - \sigma_d \right) \\ + C_{02} \left(\frac{z^3 - \sigma_d{}^3}{3} L^2 + (z^2 - \sigma_d{}^2) L + 2(z - \sigma_d) \right) \\ + C_{03} \left(\frac{z^4 - \sigma_d{}^4}{4} L^3 + (z^3 - \sigma_d{}^3) L^2 + 3(z^2 - \sigma_d{}^2) L + 6(z - \sigma_d) \right) \Bigg) \Bigg] + c_d(\sigma_d) \end{aligned} \tag{3.29}$$

Der rechnerische Verlauf der Konzentration c_d im Bereich von 0 bis $h_e/2$ setzt sich im Bereich $0 < z \leq \sigma_d$ aus $c_d(z)$ und im Bereich $\sigma_d < z < h_e/2$ aus $c_{d1}(z)$ zusammen.

Tauchrohrbereich tr: $h_e/2 < z \leq h_{tr}$

Der Tauchrohrbereich tr beginnt ab der halben Einlaufhöhe h_e und endet mit der Tauchrohrlänge h_{tr}. Partikeln werden aus der Deckelsekundärströmung zum Tauchrohr transportiert. Entlang des Tauchrohres findet eine Abscheidung zuerst in den Abscheidebereich 1 und anschließend in den Abscheidebereich 11 statt. Die Abscheidung am Tauchrohr erfolgt nach der Modellannahme erst ab einer Tauchrohrlänge von $h_e/2$. Da von einer vollständigen radialen Rückvermischung ausgegangen wird, hat die Tauchrohrgrenzschichtdicke keinen Einfluss auf die Abscheidung. Die Partikelmassenbilanz liefert:

$$\frac{d}{dz}\left(\dot{V}_{sek,d} c_{tr}(z)\right) = -2\pi r_i^* j_{tr}(r_i^*, z) \tag{3.30}$$

mit

$$j_{tr} = w_s(r_i^*) c_{tr}(z) \tag{3.31}$$

Die Konzentration der Deckelgrenzschichtströmung entspricht der der Tauchrohrgrenzschichtströmung, woraus folgt:

$$c_{tr}\left(\frac{h_e}{2}\right) = c_{d1}\left(\frac{h_e}{2}\right) \tag{3.32}$$

Somit ergibt sich die zu lösende Gleichung:

$$\int\limits_{c_{d1}\left(\frac{h_e}{2}\right)}^{c_{tr}(z)} \frac{dc_{tr}(z)}{c_{tr}(z)} = -\frac{2\pi r_i^* w_s(r_i^*)}{\dot{V}_{sek,d}} \int\limits_{\frac{h_e}{2}}^{z} dz \tag{3.33}$$

Die Gleichung für die axiale Konzentrationsverteilung der Tauchrohrgrenzschicht $c_{tr}(z)$ lautet:

$$c_{tr}(z) = c_{d1}\left(\frac{h_e}{2}\right) e^{-\left[\frac{2\pi r_i^* w_s(r_i^*)}{\dot{V}_{sek,d}}\left(z - \frac{h_e}{2}\right)\right]} \tag{3.34}$$

Abscheidebereich 1: $h_e/2 < z \leq h_e$

Der Abscheidebereich 1 beginnt bei der halben Einlaufhöhe h_e und endet auf Höhe des Tauchrohreintritts h_{tr}. In den Abscheidebereich 1 werden Partikeln aus der Tauchrohrgrenzschicht tr entlang des Tauchrohres herausgeschleudert. Gleichzeitig werden Partikeln mit der Einlaufströmung eingebracht. Im Abscheidebereich 1 findet eine Partikelabscheidung an der Zyklonwand statt. Die Partikelmassenbilanz setzt sich wie folgt zusammen:

$$\frac{d}{dz}\left[\left(\dot{V} - \dot{V}_{sek,d}\right) c_1(z)\right] = -2\pi r_a^* j_1(r_a^*, z) + 2\pi r_i^* j_{tr}(r_i^*, z) + b_e j_0(z) \tag{3.35}$$

mit

$$j_1(r_a^*) = w_s(r_a^*)c_1(z) \tag{3.36}$$
$$j_{tr} = w_s(r_i^*)c_{tr}(z) \tag{3.37}$$
$$j_0(z) = v_e c_0(z) \tag{3.38}$$

Hieraus folgt die zu lösende Differenzialgleichung für den Abscheidebereich 1:

$$\frac{d}{dz}\left[\left(\dot{V} - \dot{V}_{sek,d}\right) c_1(z)\right] = -2\pi r_a^* w_s(r_a^*) c_1(z) + 2\pi r_i^* w_s(r_i^*) c_{tr}(z) + b_e v_e c_0(z) \tag{3.39}$$

Umgeformt ergibt sich für die zu lösende Differenzialgleichung:

$$\frac{dc_1(z)}{dz} = -\frac{2\pi r_a^* w_s(r_a^*)}{\dot{V} - \dot{V}_{sek,d}} c_1(z) + \frac{b_e v_e}{\dot{V} - \dot{V}_{sek,d}} c_0(z) + \frac{2\pi r_i^* w_s(r_i^*)}{\dot{V} - \dot{V}_{sek,d}} c_{tr}(z) \tag{3.40}$$

Die Lösung der Differenzialgleichung erfolgt über die Form:

$$\frac{du}{dz} + p(x)\, u = q(x) \tag{3.41}$$

mit der allgemeinen Lösung:

$$u = e^{-\int p(x)dx}\left[\int q(x) e^{\int p(x)dx} dx + Const\right] \tag{3.42}$$

Das Einsetzen in die allgemeine Lösung liefert die Lösung für $c_1(z)$ zu:

$$c_1(z) = Const\, e^{L\, z} - J\left[C_{00} + C_{01}\,(z\, L + 1) + C_{02}(z^2 L^2 + 2\, z\, L + 2) + C_{03}(L^3 z^3 + 3\, z^2 L^2 + 6\, L\, z + 6)\right] + c_{d1}\left(\frac{h_e}{2}\right)\frac{G}{-L - I} e^{(-L - I)\, z + I\frac{h_e}{2}} \tag{3.43}$$

mit den Abkürzungen G, I und J:

$$G = \frac{2\pi r_i^* w_s(r_i^*)}{\dot{V} - \dot{V}_{sek,d}} \tag{3.44}$$
$$I = \frac{2\pi r_i^* w_s(r_i^*)}{\dot{V}_{sek,d}} \tag{3.45}$$
$$J = \frac{b_e v_{eintritt}}{\dot{V} - \dot{V}_{sek,d}} \tag{3.46}$$

Die Bestimmung der Konstanten *Const* erfolgt mit der Randbedingung:

$$c_1\left(\frac{h_e}{2}\right) = c_e\left(\frac{h_e}{2}\right) \tag{3.47}$$

Um die Konstante *Const* zu bestimmen, wurde die Gleichung 3.44 nach *Const* aufgelöst und in obige Randbedingung eingesetzt.

Abscheidebereich 11: $h_e < z \leq h_{tr}$

Da das Tauchrohr länger ist als die Einlaufhöhe h_e, erfolgt noch eine Abscheidung entlang des Tauchrohres von h_e bis h_{tr}. In diesem Bereich erfolgt keine Einströmung von Partikeln aus dem Einlaufkanal. Insofern reduziert sich die Partikelmassenbilanz für den Abscheidebereich 11 auf folgende Form:

$$\frac{d}{dz}\left[\left(\dot{V} - \dot{V}_{sek,d}\right) c_1(z)\right] = -2\pi r_a^* j_{11}(r_a^*, z) + 2\pi r_i^* j_{tr}(r_i^*, z) \tag{3.48}$$

mit

$$j_{11}(r_a^*, z) = w_s(r_a^*) c_{11}(z) \tag{3.49}$$

Die Lösung der Differenzialgleichung für den Abscheidebereich 11 erfolgt analog zur Lösung der Differenzialgleichung in den vorher beschriebenen Modellen von Lorenz [32] und Morweiser [36]. Jedoch muss die veränderte Randbedingung berücksichtigt werden:

$$c_1(h_e) = c_{11}(h_e) \tag{3.50}$$

Somit ergibt sich:

$$c_{11}(z) = \left(\frac{\Phi_2}{\Phi_3 + \Phi_1} e^{-\Phi_3 \frac{h_e}{2} + (\Phi_3 + \Phi_1)z} + \left(c_1(h_e) - \frac{\Phi_2 e^{\Phi_3 \frac{h_e}{2}}}{\Phi_3 + \Phi_1}\right) e^{\Phi_1 h_e}\right) e^{-\Phi_1 * z} \tag{3.51}$$

mit:

$$\Phi_1 = \frac{2\pi\, r_a^* w_s(r_a^*)}{\dot{V} - \dot{V}_{sek,d}} \tag{3.52}$$

$$\Phi_2 = \frac{2\pi\, r_i^* w_s(r_i^*)}{\dot{V} - \dot{V}_{sek,d}} c_{d1}\left(\frac{h_e}{2}\right) \tag{3.53}$$

$$\Phi_3 = -\frac{2\pi r_i^* w_s(r_i^*)}{\dot{V}_{sek,d}} \tag{3.54}$$

Abscheidebereich 2 und 4: $h_{tr} < z \leq l$

Die Definition der Abscheidebereiche 2 und 4 ist entsprechend der in den Modellen von Lorenz [32] und Morweiser [36] vorgestellten. Somit lautet die Partikelmassenstrombilanz entsprechend:

$$\frac{d}{dz}\left[\dot{V}_H(z)c_2(z)\right] = -2\pi r_a^* j_2(r_a^*, z) + 2\pi r_i j_{2-4}(r_i, z) \tag{3.55}$$

$$-\frac{d}{dz}\left[\dot{V}_H(z)c_4(z)\right] = -2\pi r_i j_{2-4}(r_i, z) \tag{3.56}$$

mit

$$j_2(r_a^*, z) = w_s(r_a^*)c_2(z) \tag{3.57}$$

und mit

$$j_{2-4}(r_i, z) = -D_{turb}\frac{c_2(z) - c_4(z)}{r_a^* - r_i} + \left[w_s(r_i) - w_r(r_i)\right]c_4(z) \tag{3.58}$$

für $w_s(r_i) \geq w_r(r_i)$ definiert als Fall 1 oder mit

$$j_{2-4}(r_i, z) = -D_{turb}\frac{c_2(z) - c_4(z)}{r_a^* - r_i} + \left[w_s(r_i) - w_r(r_i)\right]c_2(z) \tag{3.59}$$

für $w_s(r_i) < w_r(r_i)$ definiert als Fall 2

Da sich nur die Randbedingung $c_2(h_{tr}) = c_{11}(h_{tr})$ von den in den Modellen von Lorenz [32] und Morweiser [36] dargestellten Lösungsweg unterscheidet, ist im Folgenden nur die Lösung für den Abscheidebereich 2 und 4 angegeben:

$$c_2(z) = R_1\left(\frac{H - z}{H - h_{tr}}\right)^{m_1} + R_2\left(\frac{H - z}{H - h_{tr}}\right)^{m_2} \tag{3.60}$$

$$c_4(z) = R_1\left(\frac{m_1 - A}{B}\right)\left(\frac{H - z}{H - h_{tr}}\right)^{m_1} + R_2\left(\frac{m_2 - A}{B}\right)\left(\frac{H - z}{H - h_{tr}}\right)^{m_2} \tag{3.61}$$

mit:

$$m_{1,2} = \frac{A+D}{2} \pm \sqrt{\left(\frac{A+D}{2}\right)^2 - (A\,D - B\,C)} \tag{3.62}$$

$$R_1 = c_{11}(h_{tr}) - R_2 \tag{3.63}$$

$$R_2 = \frac{c_{11}(h_{tr}) + F\left[\left(\frac{H-l}{H-h_{tr}}\right)^{m_1}\left(1 - \frac{E(m_1 - A)}{B}\right)\right]^{-1}}{1 - \left(\frac{B - E(m_2 - A)}{B - E(m_1 - A)}\right)\left(\frac{H-l}{H-h_{tr}}\right)^{m_2 - m_1}} \tag{3.64}$$

Lösung für Fall 1:

$$A = \frac{2\pi r_a^* w_s(r_a^*)(H - h_{tr})}{\dot{V} - \dot{V}_{sek,d}} + \frac{2\pi D_{turb} r_i (H - h_{tr})}{(\dot{V} - \dot{V}_{sek,d})(r_a^* - r_i)} - 1 \tag{3.65}$$

$$B = -\frac{2\pi r_i\left[w_s(r_i) - w_r(r_i)\right](H - h_{tr})}{\dot{V} - \dot{V}_{sek,d}} - \frac{2\pi D_{turb} r_i (H - h_{tr})}{(\dot{V} - \dot{V}_{sek,d})(r_a^* - r_i)} \tag{3.66}$$

$$C = \frac{2\pi D_{turb} r_i (H - h_{tr})}{(\dot{V} - \dot{V}_{sek,d})(r_a^* - r_i)} \tag{3.67}$$

Lösung für Fall 2:

$$A = \frac{2\pi r_a^* w_s(r_a^*)(H - h_{tr})}{\dot{V} - \dot{V}_{sek,d}} + \frac{2\pi D_{turb} r_i (H - h_{tr})}{(\dot{V} - \dot{V}_{sek,d})(r_a^* - r_i)} - 1 - \frac{2\pi r_i\left[w_s(r_i) - w_r(r_i)\right](H - h_{tr})}{\dot{V} - \dot{V}_{sek,d}} \tag{3.68}$$

$$B = -\frac{2\pi D_{turb} r_i (H - h_{tr})}{(\dot{V} - \dot{V}_{sek,d})(r_a^* - r_i)} \tag{3.69}$$

$$C = \frac{2\pi D_{turb} r_i (H - h_{tr})}{(\dot{V} - \dot{V}_{sek,d})(r_a^* - r_i)} - \frac{2\pi r_i(w_s(r_i) - w_r(r_i))(H - h_{tr})}{\dot{V} - \dot{V}_{sek,d}} \tag{3.70}$$

Lösung für Fall 1 und 2:

$$D = B - 1 \tag{3.71}$$

$$F = \frac{\dot{m}_\omega}{\dot{V}_H(l)} \tag{3.72}$$

$$E = 1 + \frac{2\pi r_a^* w_s(r_a^*)(H - l)}{\dot{V}_H(l)} \tag{3.73}$$

Wiederaufwirbelungsbereich 3: $l < z \leq h$

Die Berechnungen für den Wiederaufwirbelungsbereich 3 erfolgen analog den im Modell von Lorenz [32] und Morweiser [36] dargestellten Berechnungen. Für den maximal möglichen Partikelmassenstrom $\dot{m}_{\omega,max}$ muss zusätzlich der in der Feststoffsträhne abschiedene Massenstrom berücksichtigt werden. Nach Messungen von Trefz [59] übersteigt die Beladung in der Deckelgrenzschicht μ_d die Grenzbeladung μ_G in der Hauptströmung um das 6-Fache. Die Grenzbeladung μ_G wird entsprechend Kapitel 3.1 berechnet. Der in den Zyklon nach der Strähnenabscheidung eintretende Massenstrom $\dot{M}_{p,G}$ definiert sich:

$$\dot{M}_{p,G} = \frac{\dot{V}_{sek,d}}{\dot{V}} \dot{M}_g \, 6\mu_G + \frac{\dot{V} - \dot{V}_{sek,d}}{\dot{V}} \dot{M}_g \mu_G \tag{3.74}$$

Hieraus ergibt sich der um die höhere Deckelgrenzschichtbeladung korrigierte Gesamttrenngrad der Strähne:

$$\eta_{Str} = \frac{\dot{M}_{p,G}}{\dot{M}_p} \tag{3.75}$$

Der wiederaufgewirbelte Massenstrom $\dot{m}_\omega$ errechnet sich aus dem Produkt des maximal möglichen Partikelmassenstroms $\dot{m}_{\omega,max}$, welcher um den in der Strähne abgeschiedenen Feststoff erweitert wurde, und einem Wiederaufwirbelungskoeffizienten $\mathcal{M}$:

$$\dot{m}_\omega = \dot{m}_{\omega,max} \mathcal{M} \tag{3.76}$$

Der maximal mögliche wiederaufgewirbelte Massenstrom $\dot{m}_{\omega,max}$ berechnet sich wie folgt:

$$\dot{m}_{\omega,max} = b_e \int_0^{h_e} v_{eintritt} c_0(z) dz + \underbrace{\dot{M}_p \eta_{Str}}_{Straehne} - \dot{V}_H(h_{tr}) c_4(h_{tr}) - \dot{V}_{sek,d} c_{tr}(h_{tr}) \tag{3.77}$$

Der Wiederaufwirbelungskoeffizient $\mathcal{M}$ ist abhängig von der Austragsgeometrie. Obermair [48] stellte fest, dass durch Variation der Austragsgeometrie der Gesamttrenngrad von 69,9% auf 83,1% bei sonst gleichen Versuchsbedingungen und Zyklongeometrie verbessert werden kann. Obermair [48] entdeckte, dass Material im unterhalb des Zyklons angebrachten Grobgutbehälter durch einen unbeladenen Eintrittsvolumenstrom wieder aufgewirbelt wird. Durch das Wiederaufwirbeln werden vorrangig kleinere Partikeln zum Tauchrohr hin ausgetragen. Wird der abgeschiedene Feststoff kontinuierlich ausgetragen, verlassen im Feststoffaustrag auch kleinere Partikeln den

Zyklon, die ansonsten mit dem Wirbel ausgetragen werden können. Der Feststoffabtransport aus dem Zyklon ist sicherlich auch bedeutend für die Wiederaufwirbelung. Somit erscheint es zweckmäßig, den Wiederaufwirbelungskoeffizienten $\mathcal{M}$ mit Messungen abzugleichen und entsprechend anzugeben.

3.2.2 Zyklon mit kurzem Tauchrohr

In diesem Kapitel wird ein Modell entwickelt, das die Berechnung des Trenngrades für ein Tauchrohr erlaubt, das kürzer ist als die Einlaufhöhe h_e.

3.2.2.1 Abscheidebereiche des Zyklons

Ist das Tauchrohr bei einem Zyklon kürzer als die Einlaufhöhe h_e, muss zusätzlich zum Partikelaustausch zwischen dem inneren und äußeren Bereich auch noch die Partikelquelle der Einlaufströmung bis zur Einlaufhöhe h_e berücksichtigt werden. Dies wurde im Modell durch die Abscheidebereiche 2' und 4' berücksichtigt, die ähnlich den Abscheidebereichen 2 und 4, jedoch um die Partikelquelle aus dem Einlauf erweitert wurden. Weiterhin wird festgelegt, dass nur die Hälfte der Tauchrohrlänge h_{tr} zur Wiederaufwirbelung der Partikel genutzt wird. Entsprechend den Modellen von Lorenz [32] und Morweiser [36] werden keine Partikeln entlang des Tauchrohres in den Abscheidebereich e abgeschleudert. Partikeln, die von $h_{tr}/2$ bis $h_e/2$ abgeschleudert werden, werden direkt in den darunterliegenden Abscheidebereich 1 aufgegeben. Somit wurde der Tauchrohrbereich in zwei Bereiche aufgeteilt. In Bild 3.7 ist die Einteilung der Abscheidebereiche zu erkennen.

3.2.2.2 Abscheidemodell des Zyklons

Eintrittsbereich e: $\sigma_d < z \leq h_e/2$

Der Abscheidebereich e erstreckt sich von der Deckelgrenzschicht σ_d bis zur halben Einlaufhöhe h_e. Die Partikelmassenbilanz für den Abscheidebereich e kann genauso aufgestellt werden, wie in Gleichung 3.12 für den Zyklon mit langem Tauchrohr beschrieben. Die Randbedingung für den Zyklon mit kurzem Tauchrohr wird vom Ansatz mit langem Tauchrohr aus Gleichung 3.20 übernommen. Somit ist die Lösung für die Konzentrationsverteilung $c_e(z)$ im Bereich e mit kurzem Tauchrohr analog der mit langem Tauchrohr und wird durch Gleichung 3.22 wiedergeben.

Deckelbereich d: $0 < z \leq \sigma_d$

Abscheidebereich d reicht von der axialen Koordinate z=0 bis zur Höhe der Deckelgrenzschicht σ_d. Die Partikelmassenbilanz für Abscheidebereich d wird entsprechend

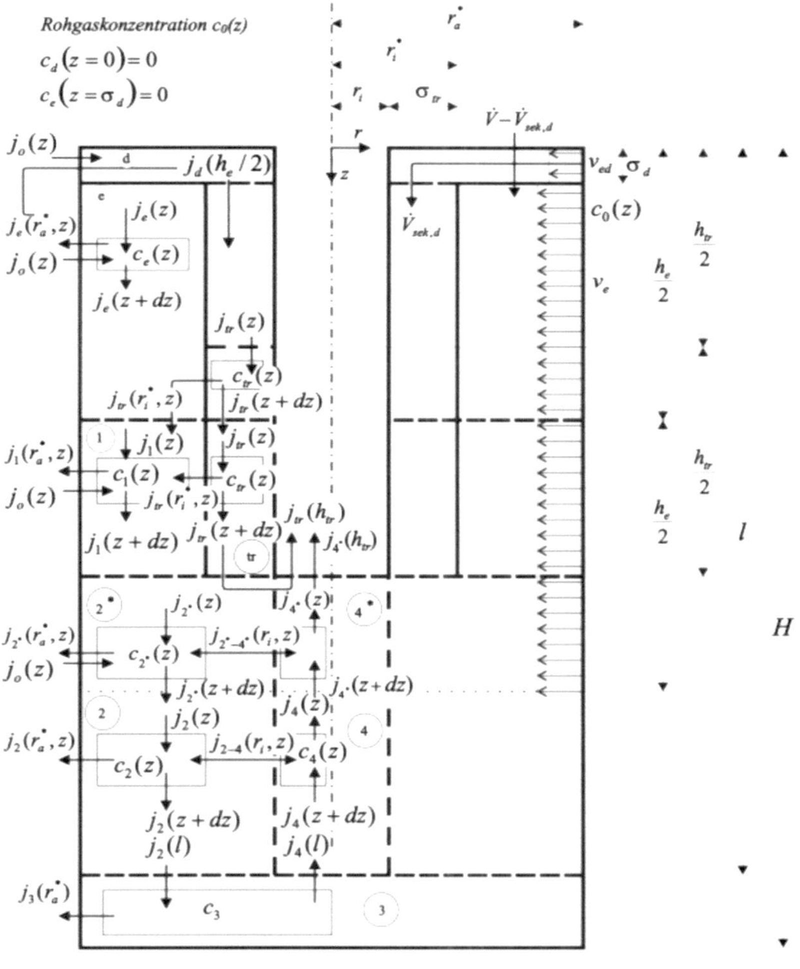

Abbildung 3.7: Erweiterung der Abscheidebereiche und Darstellung der Einlaufkonzentration

Gleichung 3.23 für den Zyklon mit langem Tauchrohr aufgestellt. Über die Randbedingung aus Gleichung 3.26 ergibt sich die Lösung für den Bereich d aus Gleichung 3.27.

Tauchrohrbereich tr: $h_{tr}/2 < z \leq h_{tr}$

Für den Zyklon mit langem Tauchrohr beginnt der Tauchrohrbereich tr ab der halben Einlaufhöhe $h_e/2$ und endet mit der Tauchrohrlänge h_{tr}. Fällt in diesem Fall die Tauchrohrlänge h_{tr} mit der Einlaufhöhe h_e zusammen, so ergibt sich hieraus, dass nur die halbe Tauchrohrlänge $h_{tr}/2$ aktiv zur Redispergierung des Feststoffes beiträgt. Im Fall des Zyklons mit langem Tauchrohr würde bei einer Tauchrohrlänge von $h_{tr}/2 = h_e/2$, unter Beibehaltung der unteren Grenze für den Tauchrohrbereich tr von $h_e/2$, der gesamte Partikelstrom aus der Deckelgrenzschicht bei $h_e/2$ in das Reingas gelangen. Aufgrund dessen sinkt der berechnete Gesamttrenngrad, da rechnerisch kein Tauchrohr mehr zur Redispergierung der Partikeln aus der Deckelgrenzschicht zur Verfügung steht. Die Grenzen für den Tauchrohrbereich beim Zyklon mit langem Tauchrohr sind gleich den Grenzen der Modelle von Morweiser [36] und Lorenz [32] gesetzt. Somit gilt auch bei diesen Modellen, dass bei einer Tauchrohrlänge von $h_{tr} = h_e/2$ rechnerisch kein Tauchrohr berücksichtigt wird. Entsprechend findet Staudinger [58], dass der Abfall des Gesamttrenngrades über der Tauchrohrlänge h_{tr} für die Modelle von Morweiser [36] und Lorenz [32] bei $h_{tr} = h_e/2$ seinem Meßwert bei $h_{tr} = 0$ entspricht.

Folglich wird die untere Grenze für den Tauchrohrabscheidebereich tr für den Zyklon mit kurzem Tauchrohr nicht mehr bei $h_e/2$ gewählt, sondern bei $h_{tr}/2$. Hierdurch ist ein Übergang des Modells mit langem Tauchrohr zum Modell mit kurzem Tauchrohr für eine Tauchrohrlänge von $h_{tr} = h_e$ gewährleistet. Bei Wegfall des Tauchrohres und somit bei $h_{tr} = 0$ tritt der gesamte Partikelstrom aus der Deckelgrenzschicht in den Reingasstrom. Unter Beibehaltung des Vorschlags von Trefz wird davon ausgegangen, dass Partikeln, die im Einlaufbereich $0 \leq z \leq h_e/2$ mit der Partikelsinkgeschwindigkeit $w_s(r_a{}^*)$ aussedimentieren, in die Deckelgrenzschicht gelangen. Die Partikelmassenbilanz am Tauchrohr kann wie folgt aufgestellt werden:

$$\frac{d}{dz}\left(\dot{V}_{sek,d}c_{tr}(z)\right) = -2\pi r_i^* j_{tr}(r_i^*, z) \tag{3.78}$$

mit

$$j_{tr}(r_i^*, z) = w_s(r_i^*)c_{tr}(z) \tag{3.79}$$

Die Eintrittskonzentration in den Tauchrohrabscheidebereich wird mit der axialen Konzentrationsverteilung der Deckelgrenzschicht $c_d(z)$ an der Stelle $h_e/2$ aus Gleichung 3.27 berechnet. Die Randbedingung wird definiert als:

$$c_{tr}\left(\frac{h_{tr}}{2}\right) = c_d\left(\frac{h_e}{2}\right) \tag{3.80}$$

Daraus resultiert das zu lösende Integral:

$$\int_{c_d\left(\frac{h_e}{2}\right)}^{c_{tr}(z)} \frac{dc_{tr}(z)}{c_{tr}(z)} = -\frac{2\pi r_i^* w_s(r_i^*)}{\dot{V}_{sek,d}} \int_{\frac{h_{tr}}{2}}^{z} dz \tag{3.81}$$

Die axiale Konzentrationsverteilung über das Tauchrohr $c_{tr}(z)$ lautet:

$$c_{tr}(z) = c_{d1}\left(\frac{h_e}{2}\right) e^{-\left[\frac{2\pi r_i^* w_s(r_i^*)}{\dot{V}_{sek,d}}\left(z-\frac{h_{tr}}{2}\right)\right]} \tag{3.82}$$

Partikeln werden entlang des Tauchrohres ab einer Tauchrohrlänge von $h_{tr}/2$ redispergiert. Eine Redispergierung in den Abscheidebereich e würde zu ansteigenden Konzentrationen in diesem führen, da die Partikeln wieder in die Deckelgrenzschicht d übergehen und von dort wieder mit dem Tauchrohr in den Abscheidebereich e redispergieren. Gordon-Hülgerth [20] und Hoffmann [25] wiesen ein Sekundärwirbel im oberen Tauchrohrbereich nach. Dieser würde redispergierte Partikel in den anschließenden Bereich, hier der Abscheidebereich 1, überführen. Diesem Gedanken folgend werden Partikeln, die am Tauchrohr im Bereich zwischen $h_{tr}/2 \leq z \leq h_e/2$ abgeschieden werden, als zusätzliche Eingangskonzentration für den unterhalb anschließenden Bereich aufgefasst.

Der im Bereich zwischen $h_{tr}/2 \leq z \leq h_e/2$ abgeschiedene Massenstrom $\dot{m}_{tr}$ errechnet sich aus.

$$\dot{m}_{tr} = 2\pi r_i^* w_s(r_i^*) \int_{\frac{h_{tr}}{2}}^{\frac{h_e}{2}} c_{tr}(z)dz \tag{3.83}$$

Abscheidebereich 1: $h_e/2 < z \leq h_{tr}$

Abscheidebereich 1 verläuft in axialer Richtung von $h_e/2$ bis zur Tauchrohrlänge h_{tr}. In diesem Bereich werden Partikeln aus der Tauchrohrgrenzschicht tr ausgeschleudert und Partikeln mit der Einlaufströmung eingetragen. Weiterhin werden Partikeln zur Zyklonwand abgeschieden. In Bild 3.7 ist der Abscheidebereich 1 mit den Partikelströmen dargestellt. Somit kann die Partikelmassenbilanz für Abscheidebereich 1 aufgestellt werden:

$$\frac{d}{dz}\left[\left(\dot{V}-\dot{V}_{sek,d}\right)c_1(z)\right] = -2\pi r_a^* j_1(r_a^*) + 2\pi r_i^* j_{tr}(r_i^*) + b_e j_0(z) \tag{3.84}$$

mit

$$j_1(r_a^*) = w_s(r_a^*)c_1(z) \tag{3.85}$$

$$j_{tr}(r_i^*) = w_s(r_i^*)c_{tr}(z) \tag{3.86}$$

$$j_0(z) = v_e c_0(z) \tag{3.87}$$

Das Einsetzen in Gleichung 3.84 liefert:

$$\frac{d}{dz}\left[\left(\dot{V}-\dot{V}_{sek,d}\right)c_1(z)\right] = -2\pi r_a^* w_s(r_a^*)c_1(z) + 2\pi r_i^* w_s(r_i^*)c_{tr}(z) + b_e j_0 \tag{3.88}$$

Somit lässt sich die zu lösende Differenzialgleichung aufstellen:

$$\frac{dc_1(z)}{dz} = -\frac{2\pi r_a^* w_s(r_a^*)}{\dot{V}-\dot{V}_{sek,d}}c_1(z) + \frac{b_e v_{eintritt}}{\dot{V}-\dot{V}_{sek,d}}c_0(z) + \frac{2\pi r_i^* w_s(r_i^*)}{\dot{V}-\dot{V}_{sek,d}}c_{tr}(z) \tag{3.89}$$

Die Lösung der Differenzialgleichung 3.89 erfolgt über die Lösung der Differenzialgleichung der Form:

$$\frac{du}{dz} + p(x)\,u = q(x) \tag{3.90}$$

mit der allgemeinen Lösung:

$$u = e^{-\int p(x)dx}\left[\int q(x)\,e^{\int p(x)dx}dx + Const\right] \tag{3.91}$$

Somit folgt die allgemeine Lösung der Differenzialgleichung 3.89:

$$c_1(z) = Const\,e^{L\,z} - J\,\Big[C_{00} + C_{01}\,(z\,L+1) + C_{02}\left(z^2L^2 + 2\,z\,L + 2\right) \tag{3.92}$$

$$+C_{03}\left(L^3z^3 + 3\,z^2L^2 + 6\,L\,z + 6\right)\Big] + c_{d1}\left(\frac{h_e}{2}\right)\frac{G}{-L-I}e^{(-L-I)\,z + I\frac{h_{tr}}{2}}$$

mit den Abkürzungen:

$$G = \frac{2\pi r_i^* w_s(r_i^*)}{\dot{V} - \dot{V}_{sek,d}} \tag{3.93}$$

$$I = \frac{2\pi r_i^* w_s(r_i^*)}{\dot{V}_{sek,d}} \tag{3.94}$$

$$J = \frac{b_e v_{eintritt}}{\dot{V} - \dot{V}_{sek,d}} \tag{3.95}$$

Die Bestimmung der Konstanten $Const$ erfolgt über die Randbedingung, dass Konzentration an der Stelle $c_1(h_e/2)$ der an der Stelle $c_e(h_e/2)$ erweitert um den am Tauchrohr von $h_{tr}/2$ bis $h_e/2$ redispergierte Massenstrom $\dot{m}_{tr}$ entspricht. Der Massenstrom $\dot{m}_{tr}$ wird über den Volumenstrom $\dot{V} - \dot{V}_{sek,d}$ in eine Konzentration umgerechnet und in der Randbedingung wie folgt berücksichtigt:

$$c_1\left(\frac{h_e}{2}\right) = c_e\left(\frac{h_e}{2}\right) + \frac{\dot{m}_{tr}}{\dot{V} - \dot{V}_{sek,d}} \tag{3.96}$$

Ist das Tauchrohr kürzer als $h_e/2$, existiert der Abscheidebereich 1 nicht mehr. Die Abscheidebereiche e und 2' grenzen aneinander.

Abscheidebereich 2' und 4': $h_{tr} < z \leq h_e$

Die Abscheidebereiche 2' und 4' beginnen bei der axialen Koordinate h_{tr} und enden bei der Einlaufhöhe h_e. Der Abscheidebereich 2' reicht vom Außenradius r_a^* bis zum Tauchrohrradius r_i. Der Abscheidebereich 4' reicht vom Tauchrohrradius r_i bis zur Mittelachse. Die axiale Strömung ist im Abscheidebereich 2' nach unten und im Abscheidebereich 4' nach oben gerichtet. Zwischen beiden Bereichen findet ein Partikelaustausch statt, der über die Partikelstromdichte $j_{2'-4'}(r_i)$ erfasst wird. Weiterhin muss noch die in den Abscheidebereich 2' mit der Einlaufströmung eingetragene Partikelkonzentration berücksichtigt werden. Die Partikelmassenbilanz für die Abscheidebereiche 2' und 4' lautet folgendermaßen:

$$\frac{d}{dz}\left[\dot{V}_H(z)c_{2'}(z)\right] = -2\pi r_a^* j_{2'}(r_a^*, z) + 2\pi r_i j_{2'-4'}(r_i, z) + b_e j_0(z) \tag{3.97}$$

$$-\frac{d}{dz}\left[\dot{V}_H(z)c_{4'}(z)\right] = -2\pi r_i j_{2'-4'}(r_i, z) \tag{3.98}$$

mit

$$j_{2'}(r_a^*, z) = w_s(r_a^*)c_{2'}(z) \tag{3.99}$$

$$j_0(z) = v_{ed}c_0(z) \tag{3.100}$$

Für die Partikelstromdichte $j_{2'-4'}(r_i, z)$ wird eine Fallunterscheidung durchgeführt, die die Partikelsinkgeschwindigkeit auf dem Tauchrohrradius berücksichtigt. Dieses Vorgehen gleicht der in Kapitel 2.3.4 vorgestellten Vorgehensweise. Für $w_s(r_i) \geq w_r(r_i)$ definiert als Fall 1 ist die Partikelstromdichte $j_{2'-4'}(r_i, z)$:

$$j_{2'-4'}(r_i, z) = -D_{turb} \frac{c_{2'}(z) - c_{4'}(z)}{r_a^* - r_i} + [w_s(r_i) - w_r(r_i)]\, c_{4'}(z) \tag{3.101}$$

Für $w_s(r_i) < w_r(r_i)$ definiert als Fall 2 ist die Partikelstromdichte $j_{2'-4'}(r_i, z)$:

$$j_{2'-4'}(r_i, z) = -D_{turb} \frac{c_{2'}(z) - c_{4'}(z)}{r_a^* - r_i} + [w_s(r_i) - w_r(r_i)]\, c_{2'}(z) \tag{3.102}$$

Die zu lösenden Differenzialgleichungen für die Abscheidebereiche 2' und 4' lauten:

$$(H - z)\, c'_{2'}(z) + A\, c_{2'}(z) + B\, c_{4'}(z) - K\, c_0(z) = 0 \tag{3.103}$$

$$(H - z)\, c'_{4'}(z) + D\, c_{4'}(z) + C\, c_{2'}(z) = 0 \tag{3.104}$$

Ein Umformen und Differenzieren von Gleichung 3.103 führt zu:

$$c_{4'}(z) = \frac{1}{B} \left(K\, c_0(z) - (H - z)\, c'_{2'}(z) - A\, c_{2'}(z)\right) \tag{3.105}$$

$$c'_{4'}(z) = \frac{1}{B} \left(K\, c_0(z) + K\, c'_0(z) - (H - z)\, c''_{2'}(z) - (A - 1)\, c'_{2'}(z)\right) \tag{3.106}$$

Das Einsetzen in die verbleibende Differenzialgleichung 3.104 ergibt:

$$\begin{aligned}(H - z)^2 c''_{2'}(z) + (1 - A - D)\, (H - z)\, c'_{2'}(z) - (D\, A - C\, B) c_{2'}(z) \\ + D\, K\, c'_0(z) + D\, K\, c_0(z) = 0\end{aligned} \tag{3.107}$$

mit:

$$c_0(z) = L\, c_{00} + L^2\, c_{01}\, z + L^3 c_{02}\, z^2 + L^4 c_{03} z^3 \tag{3.108}$$

$$c'_0(z) = L^2 c_{01} + \frac{L^3}{2} c_{02} z + \frac{L^4}{3} c_{03} z^2 \tag{3.109}$$

Die Konstanten A, B und C bestimmen sich für den Fall 1 mit $w_s(r_i) \geq w_r(r_i)$ wie folgt:

$$A = \frac{2\pi r_a^* w_s(r_a^*)(H - h_{tr})}{\dot{V} - \dot{V}_{sek,d}} + \frac{2\pi D_{turb} r_i (H - h_{tr})}{(\dot{V} - \dot{V}_{sek,d})(r_a^* - r_i)} - 1 \tag{3.110}$$

$$B = -\frac{2\pi r_i \left[w_s(r_i) - w_r(r_i)\right](H - h_{tr})}{\dot{V} - \dot{V}_{sek,d}} - \frac{2\pi D_{turb} r_i (H - h_{tr})}{(\dot{V} - \dot{V}_{sek,d})(r_a^* - r_i)} \tag{3.111}$$

$$C = \frac{2\pi D_{turb} r_i (H - h_{tr})}{(\dot{V} - \dot{V}_{sek,d})(r_a^* - r_i)} \tag{3.112}$$

Für $w_s(r_i) < w_r(r_i)$ definiert als Fall 2 können die Konstanten A, B und C wie folgt geschrieben werden:

$$A = \frac{2\pi r_a^* w_s(r_a^*)(H - h_{tr})}{\dot{V} - \dot{V}_{sek,d}} + \frac{2\pi D_{turb} r_i (H - h_{tr})}{(\dot{V} - \dot{V}_{sek,d})(r_a^* - r_i)} + 1 - \frac{2\pi r_i (w_s(r_i) - w_r(r_i))(H - h_{tr})}{\dot{V} - \dot{V}_{sek,d}} \tag{3.113}$$

$$B = -\frac{2\pi D_{turb} r_i (H - h_{tr})}{(\dot{V} - \dot{V}_{sek,d})(r_a^* - r_i)} \tag{3.114}$$

$$C = \frac{2\pi D_{turb} r_i (H - h_{tr})}{(\dot{V} - \dot{V}_{sek,d})(r_a^* - r_i)} - \frac{2\pi r_i (w_s(r_i) - w_r(r_i))(H - h_{tr})}{\dot{V} - \dot{V}_{sek,d}} \tag{3.115}$$

Die gemeinsamen Konstanten D, E, F und K für Fall 1 und 2 setzen sich zusammen aus:

$$D = B - 1 \tag{3.116}$$

$$E = 1 + \frac{2\pi r_a^* w_s(r_a^*)(H - l)}{\dot{V}_H(l)} \tag{3.117}$$

$$F = \frac{\dot{m}_\omega}{\dot{V}_H(l)} \tag{3.118}$$

$$K = \frac{v_e b_e}{\dot{V} - \dot{V}_{sek,d}} \tag{3.119}$$

Zur Lösung der Differenzialgleichung 3.107 müssen noch zwei Randbedingungen bekannt sein. Die Konzentration an der Stelle h_{tr} muss dem vorhergehenden Bereich entsprechen. Auch die Steigung der Konzentration bei h_{tr} ist gleich. Da der Abscheidebereich 1 für Tauchrohrlängen $h_{tr} \leq h_e/2$ entfällt, wird bei den Randbedingungen wie folgt unterschieden:

Für $h_{tr} \geq h_e/2$ gilt:

$$c_{2'}\left(h_{tr}\right) = c_1\left(h_{tr}\right) \tag{3.120}$$

$$\frac{dc_{2'}(h_{tr})}{dz} = \frac{dc_1(h_{tr})}{dz} \tag{3.121}$$

Für $h_{tr} < h_e/2$ ist das Tauchrohr kürzer als der Einlaufbereich e. Definitionsgemäß gelangen alle im Einlaufbereich e abgeschiedenen Partikeln in die Deckelgrenzschicht und werden von dort in die Tauchrohrgrenzschicht transportiert. Die unterhalb $h_e/2$ aus der Tauchrohrgrenzschicht redispergierten Partikeln werden nicht als Partikelquelle für den Einlaufbereich e berücksichtigt, sondern für den Abscheidebereich 1. Weiterhin findet bei Tauchrohren kürzer als $h_e/2$ auch eine Abnahme des Volumenstroms $\dot{V}_H$ im Einlaufbereich statt und ein Partikelaustausch zwischen der außen nach unten und der innen nach oben gerichteten Strömung. Dies müßte durch ein weiteres Modell zur genauen Abdeckung für Tauchrohrlängen unterhalb $h_e/2$ berücksichtigt werden. Da allerdings Tauchrohrlängen unterhalb $h_e/2$ in der Praxis unüblich sind, wird auf die Erstellung eines weiteren Modells verzichtet. Die Tauchrohrlänge $h_{tr} = h_e/2$ wird als minimale Tauchrohrlänge definiert. Durch folgende Anpassung der Randbedingungen kann der Trenngrad eines Zyklons mit Tauchrohrlängen $h_{tr} < h_e/2$ näherungsweise berechnet werden:

$$c_{2'}\left(\frac{h_e}{2}\right) = c_e\left(\frac{h_e}{2}\right) \tag{3.122}$$

$$\frac{dc_{2'}\left(\frac{h_e}{2}\right)}{dz} = \frac{dc_e\left(\frac{h_e}{2}\right)}{dz} \tag{3.123}$$

Weiterhin sind noch Anpassungen für die lineare Abnahme des Volumenstromes $\dot{V}_H(z)$ sowie die Berechnung der Konstanten A, B und C bei Tauchrohrlängen $h_{tr} < h_e/2$ zu treffen. Hierzu wird $h_{tr} \overset{\text{def}}{=} h_e/2$ definiert. Durch diese Anpassungen wird ein unter $h_e/2$ verkürztes Tauchrohr nur über die Abscheidung im Tauchrohrbereich tr erfaßt.

Letztlich ist noch zur Lösung der Differenzialgleichung 3.104 die Randbedingung notwendig, dass die Konzentration bei h_e der beiden Bereiche 4' und 4 gleich ist:

$$c_{4'}(h_e) = c_4(h_e) \tag{3.124}$$

Zur Lösung dieses Differenzialgleichungssystems wurde ein Differenzialgleichungslöser (Funktion: gdglösen) des Programms Mathcad verwendet. Dieser ist ausführlich bei Benker [7] beschrieben.

Abscheidebereich 2 und 4: $h_e < z \leq l$

Die Abscheidebereich 2 und 4 beginnen bei der Einlaufhöhe h_e und erstrecken sich bis zur Wiederaufwirbelungslänge l. Die axiale Strömung im Abscheidebereich 2 ist nach unten gerichtet, wohingegen die axiale Strömung im Abscheidebereich 4 nach oben gerichtet ist. Im Abscheidebereich findet eine Partikelabscheidung zur Zyklonwand hin statt. Zwischen beiden Bereichen existiert ein Partikelaustausch $j_{2-4}(r_i)$. Die Partikelmassenbilanz lautet:

$$\frac{d}{dz}\left[\dot{V}_H(z)c_2(z)\right] = -2\pi r_a^* j_2(r_a^*, z) + 2\pi r_i j_{2-4}(r_i, z) \tag{3.125}$$

$$-\frac{d}{dz}\left[\dot{V}_H(z)c_4(z)\right] = -2\pi r_i^* j_{2-4}(r_i, z) \tag{3.126}$$

Die Partikelstromdichte $j_2(r_a^*, z)$ wird aus dem Produkt der Sinkgeschwindigkeit am fiktiven Außenradius $w_s(r_a^*)$ und der Konzentration $c_2(z)$ gebildet mit

$$j_2(r_a^*, z) = w_s(r_a^*)c_2(z) \tag{3.127}$$

Weiterhin wird die Partikelstromdichte $j_{2-4}(r_i, z)$ für den Fall 1 mit $w_s(r_i) \geq w_r(r_i)$ definiert als:

$$j_{2-4}(r_i, z) = -D_{turb}\frac{c_2(z) - c_4(z)}{r_a^* - r_i} + \left[w_s(r_i) - w_r(r_i)\right]c_4(z) \tag{3.128}$$

Für Fall 2 mit $w_s(r_i) < w_r(r_i)$ ist die Partikelstromdichte $j_{2-4}(r_i, z)$:

$$j_{2-4}(r_i, z) = -D_{turb}\frac{c_2(z) - c_4(z)}{r_a^* - r_i} + \left[w_s(r_i) - w_r(r_i)\right]c_2(z) \tag{3.129}$$

Die Lösung für die Abscheidebereich 2 und 4 erfolgt analog zu dem in Kapitel 2.3.4 vorgestellten Lösungsweg, jedoch mit einer Normierung auf $(h_e - H)$:

$$c_2(z) = R_1\left(\frac{H-z}{H-h_e}\right)^{m_1} + R_2\left(\frac{H-z}{H-h_e}\right)^{m_2} \tag{3.130}$$

$$c_4(z) = R_1\left(\frac{m_1 - A}{B}\right)\left(\frac{H-z}{H-h_e}\right)^{m_1} + R_2\left(\frac{m_2 - A}{B}\right)\left(\frac{H-z}{H-h_e}\right)^{m_2} \tag{3.131}$$

Über die Randbedingungen, dass die Konzentration an der Stelle h_e bei den Bereichen c_2 und $c_{2'}$ gleich ist $(c_2(h_e) = c_{2'}(h_e))$ und dass die Konzentration c_4 auf der Höhe l der Konzentration von c_3 entspricht, können die Konstanten bestimmt werden. Die gemeinsamen Konstanten $m_{1,2}, R_1, R_2, D, E$ und F können wie folgt wiedergegeben werden.

$$m_{1,2} = \frac{A+D}{2} \pm \sqrt{\left(\frac{A+D}{2}\right)^2 - (A\,D - B\,C)} \tag{3.132}$$

$$R_1 = c_{2'}(h_e) - R_2 \tag{3.133}$$

$$R_2 = \frac{c_{2'}(h_e) + F\left[\left(\frac{H-l}{H-h_e}\right)^{m_1}\left(1 - \frac{E(m_1 - A)}{B}\right)\right]^{-1}}{1 - \left(\frac{B - E(m_2 - A)}{B - E(m_1 - A)}\right)\left(\frac{H-l}{H-h_e}\right)^{m_2 - m_1}} \tag{3.134}$$

$$D = B - 1 \tag{3.135}$$

$$E = 1 + \frac{2\pi r_a^* w_s(r_a^*)(H-l)}{\dot{V}_H(l)} \tag{3.136}$$

$$F = \frac{\dot{m}_\omega}{\dot{V}_H(l)} \tag{3.137}$$

Die Konstanten A, B und C für Fall 1 sind:

$$A = \frac{2\pi r_a^* w_s(r_a^*)(H-h_e)}{\dot{V}_H(h_e)} + \frac{2\pi D_{turb} r_i (H-h_e)}{\dot{V}_H(h_e)(r_a^* - r_i)} - 1 \tag{3.138}$$

$$B = -\frac{2\pi r_i\left[w_s(r_i) - w_r(r_i)\right](H-h_e)}{\dot{V}_H(h_e)} - \frac{2\pi D_{turb} r_i (H-h_e)}{\dot{V}_H(h_e)(r_a^* - r_i)} \tag{3.139}$$

$$C = \frac{2\pi D_{turb} r_i (H-h_e)}{\dot{V}_H(h_e)(r_a^* - r_i)} \tag{3.140}$$

Die Konstanten A, B und C für Fall 2 lauten:

$$A = \frac{2\pi r_a^* w_s(r_a^*)(H-h_e)}{\dot{V}_H(h_e)} + \frac{2\pi D_{turb} r_i (H-h_e)}{\dot{V}_H(h_e)(r_a^* - r_i)} - 1 - \frac{2\pi r_i (w_s(r_i) - w_r(r_i))(H-h_e)}{\dot{V}_H(h_e)} \tag{3.141}$$

$$B = -\frac{2\pi D_{turb} r_i (H-h_e)}{\dot{V}_H(h_e)(r_a^* - r_i)} \tag{3.142}$$

$$C = \frac{2\pi D_{turb} r_i (H-h_e)}{\dot{V}_H(h_e)(r_a^* - r_i)} - \frac{2\pi r_i (w_s(r_i) - w_r(r_i))(H-h_e)}{\dot{V}_H(h_e)} \tag{3.143}$$

Vorgehensweise zur Lösung der Bereiche 2'/4' und 2/4

Die Lösung für die Bereiche 2' / 4' und 2 / 4 kann nur iterative erfolgen, da zur Bestimmung der Konstanten F die Kenntnis des wiederaufgewirbelten Massenstroms $\dot{m}_\omega$ nötig ist. Für diesen ist die Konzentration des Abscheidebereichs 4' an der Stelle h_{tr} nötig. Somit muss für die Konzentration $c_{4'}(h_{tr})$ ein Schätzwert vorgeben werden. Anschließend wird zuerst der Bereich $c_{2'}$ gelöst und danach die Bereiche c_2 und c_4. Zum Schluss eines Iterationsschrittes wird der Bereich $c_{4'}$ und die Abweichung zum Anfangswert bestimmt.

Wiederaufwirbelungsbereich 3: $l < z \leq h$

Die Berechnungen für den Wiederaufwirbelungsbereich 3 erfolgen analog zu den für den Zyklon mit langem Tauchrohr vorgestellten Berechnungsschritten.

Diskussion der Abscheidemodelle

Durch die Erweiterung der Abscheidebereiche stehen zwei Modelle für die Berechnung des Trenngrades von Zyklonen mit langen und kurzen Tauchrohr zur Verfügung. Die zur Berechnung notwendigen Formeln sind über moderne Programme wie Mathcad einfach zu programmieren und anzuwenden. Die Eingangsverteilung in den Zyklon kann sowohl über ein Polynom dritten Grades als auch über eine Sprungfunktion angenähert werden. Aufgrund der von Trefz [59] gemessenen Überhöhung der Deckelkonzentration und mangels Konzentrationsprofilen an der Eintrittstelle in den Zyklon bietet sich für die Berechnung die Sprungfunktion an. Nachfolgend werden die Abscheidemodelle anhand von Messungen verifiziert.

3.3 Berechnung des Trenngrades

Die Berechnung der Abscheidebereiche liefert die Partikelkonzentration c_{tr} an der axialen Koordinate h_{tr} für den Tauchrohrbereich tr und den Bereich 4 c_4 für den Zyklon mit langem Tauchrohr oder entsprechend die Konzentration $c_{4'}$ für den Zyklon mit kurzem Tauchrohr. Der Trenngrad $\eta_{ges}(d_p)$ wird auf den gesamten in den Zyklon eintretenden Massenstrom $\dot{M}_P$ bezogen und berechnet sich wie folgt:

$$\eta_{ges}(d_p) = 1 - \frac{\dfrac{\dot{V}_{sek,d}}{\dot{V}} c_{tr}(h_{tr}, d_p) + \dfrac{\dot{V}_H(h_{tr})}{\dot{V}} c_4(h_{tr}, d_p)}{\dot{M}_p} \tag{3.144}$$

Eine Aufteilung in einen Trenngrad durch die Strähnenabscheidung und durch den inneren Wirbel ist nicht mehr so einfach möglich. Um eine Aufteilung in diese Trenngrade dennoch zu ermöglichen, muss der wiederaufgewirbelte Massenstrom $\dot{M}_{\mathcal{M}}(d_p)$

berücksichtigt werden, der den Zyklon durch das Tauchrohr verlässt. Dieser Massenstrom stammt nicht aus der Einlaufströmung, sondern aus Partikeln, die nach der Strähnenabscheidung am unteren Abscheidebereich wiederaufgewirbelt wurden und somit den Zyklon verlassen. Der Massenstrom $\dot{M}_{\mathcal{M}}(d_p)$ errechnet sich aus:

$$\dot{M}_{\mathcal{M}}(d_p) = \dot{V}_H(h_{tr})c_4(h_{tr}, d_p) + \dot{V}_{sek,d}c_{tr}(h_{tr}, d_p) - b_e \int_0^{h_e} v_{eintritt}(z)c_0(z, d_p)dz \quad (3.145)$$

Die Bestimmung der Grenzbeladung erfolgt nach Gleichung 2.37. Weiterhin muss noch die erhöhte Grenzbeladung in der Deckelgrenzschicht nach Gleichung 3.74 berücksichtigt werden. Dies wird in der Konzentrationsverteilung $c_0(z)$ getan. Der wiederaufgewirbelte und den Zyklon verlassende Massenstrom $\dot{M}_{\mathcal{M}}(d_p)$ wird von dem gesamten in den Zyklon eintretenden Massenstrom $\dot{M}_p$ abgezogen. Somit erklärt sich der Trenngrad durch die Strähnenabscheidung η_{Gr} folgendermaßen:

$$\eta_{Gr}(d_p) = \frac{\dot{M}_p(d_p) - b_e \int_0^{h_e} v_{eintritt}c_0(z, d_p)dz - \dot{M}_{\mathcal{M}}(d_p)}{\dot{M}_p} \quad (3.146)$$

Nach der Strähnenabscheidung am Eintritt wird der für die Wirbelabscheidung zur Verfügung stehende Massenstrom durch das Integral $\int_0^{h_e} v_{eintritt}c_0(z, d_p)dz$ dargestellt. Durch die Wiederaufwirbelung von in der Strähne abgeschiedenen Partikeln könnten mehr Partikeln durch das Tauchrohr entweichen als über den Eintritt eingetragen würden. Hierdurch ergäben sich für die Wirbelabscheidung negative Werte. Um dies zu vermeiden, wird der wiederaufgewirbelte Massenstrom $\dot{M}_{\mathcal{M}}(d_p)$, der über das Tauchrohr entweicht, dem gesamten eintretenden Massenstrom zugerechnet. Somit lautet der Trenngrad durch den Wirbel $\eta_{Wi}(d_p)$:

$$\eta_{Wi}(d_p) = 1 - \frac{\dot{V}_H(h_{tr})c_4(h_{tr}, d_p) + \dot{V}_{sek,d}c_{tr}(h_{tr}, d_p)}{\int_0^{h_e} v_{eintritt}c_0(z, d_p)dz + \dot{M}_{\mathcal{M}}(d_p)} \quad (3.147)$$

3.4 Partikelkonzentrationen über die Zyklonhöhe

Mit dem oben vorgestellten Modell können auch die Partikelkonzentrationen im Zyklon dargestellt werden. Diese sollen beispielhaft für den Zyklon 1 aus Tabelle 3.1 angegeben werden. Die Eingangsbeladung μ^* in den Zyklon ist geringer als die Grenzbeladung μ_G. Somit kann nach Trefz [59] die Beladung der Deckelgrenzschicht und der Hauptströmung gleich der Eingangsbeladung μ^* gesetzt werden. Der Zyklon ist so niederig beladen, dass keine Strähnenabscheidung erfolgt und die Strömung den gesamten Feststoffmassenstrom in der Schwebe halten kann. Für die nachfolgende

Berechnung des Zyklons 1 wurde der Wiederaufwirbelungskoeffizient $\mathcal{M}$ gleichgesetzt mit dem von Morweiser [36] ermittelten Wiederaufwirbelungskoeffizienten ω nach Gleichung 2.125. Weiterhin wird c_0 als konstant über die Einlaufhöhe h_e angenommen.

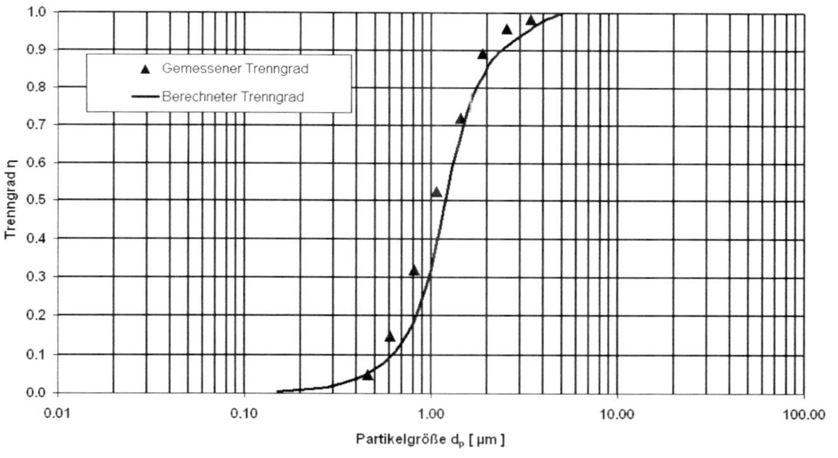

Abbildung 3.8: Nach erweitertem Modell berechneter Trenngrad von Zyklon 1 aus Tabelle 3.1 und Messergebnisse für den Trenngrad nach Morweiser [36]

Aus Abbildung 3.8 geht hervor, dass der mit dem erweiterten Modell berechnete Trenngrad für den Zyklon 1 nach Tabelle 3.1 gut mit den Messwerten von Morweiser [36] übereinstimmt. Die Berechnung erfolgte nach den im Kapitel 3.2.1 dargestellten Gleichungen. Im Folgenden sind die Konzentrationsverläufe verschiedener Partikeldurchmesser über die in Kapitel 3.2.1 definierten Abscheidebereiche aufgetragen. Dieses sind der Einlauf-, Deckel- und Tauchrohrbereich sowie die Abscheidebereiche 1, 11, 2 und 4. Als Partikeldurchmesser wurden $0,15\mu m$, $1,05\mu m$, $1,9\mu m$ und $3,75\mu m$ gewählt, um die unterschiedlichen Konzentrationsverläufe darstellen zu können. In Abbildung 3.8 ist zu sehen, dass Partikeln mit $0,15\mu m$ kaum abgetrennt werden, wohingegen Partikeln mit $3,75\mu m$ zu fast 100% abgeschieden werden. Partikeln mit $1,05\mu m$ werden zu 50 % abgeschieden, während Partikeln mit $1,9\mu m$ Durchmesser zu fast 80% abgeschieden werden. Da die Berechnung des Trenngrades über axiale Partikelkonzentrationen erfolgt, sollen die aufgetragenen Konzentrationsverläufe in den Abscheidebereichen der Veranschaulichung des Modells dienen.

In Abbildung 3.9 ist der Konzentrationsverlauf $c_e(z)$ bezogen auf die Eingangskonzentration c_0 zu erkennen. Die Konzentration erhöht sich durch den steten Partikelzustrom aus der Einlaufströmung, da in der Modellvorstellung der gesamte Volumenstrom der Hauptströmung $\dot{V} - \dot{V}_{sek,d}$ bei $z = \sigma_d$ axial eintritt. Der Konzentrationsverlauf nimmt für größere Partikeln ab. Diese gehen in die Deckelgrenzschicht über.

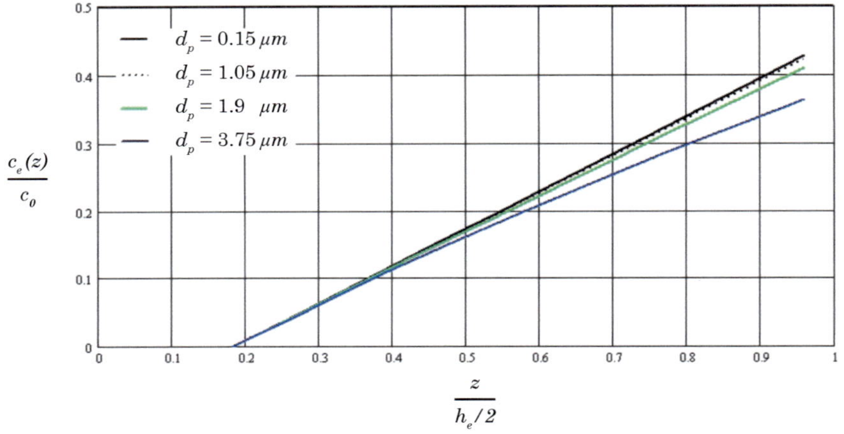

Abbildung 3.9: Konzentrationsverlauf im Einlaufbereich e ($\sigma_d - h_e/2$) für Partikeldurchmesser von $0,15\mu m$, $1,05\mu m$, $1,9\mu m$ und $3,75\mu m$

In Abbildung 3.10 ist der rechnerische axiale Konzentrationsverlauf in der Deckelgrenzschicht zu erkennen. In axialer Richtung erfährt die Deckelgrenzschicht einen Zustrom an Partikeln bis zur Deckelgrenzschichtdicke σ_d. Weiterhin gehen in die Deckelgrenzschicht noch Partikeln über, die im Abscheidebereich e von $\sigma_d - h_e/2$ abgeschieden wurden. Somit stellt der abgebildete Konzentrationsverlauf nicht den realen Verlauf, sondern den im Modellierungsansatz verwendeten Verlauf dar. Der Konzentrationswert an der axialen Koordinate $h_e/2$ entspricht der Konzentration in der Deckelgrenzschicht. Grobe Partikeln werden im Gegensatz zu kleineren angereichert.

Im Abscheidebereich 1 findet neben dem Zustrom von Partikeln aus der Einlaufströmung auch ein Zustrom von Partikeln statt, die vom Tauchrohr abgeschleudert werden. Abbildung 3.11 zeigt die Konzentrationsverläufe im Abscheidebereich 1. Am Konzentrationsverlauf der Partikelgröße $3.75\mu m$ ist der Einfluss der Redispergierung am Tauchrohr zu erkennen. Anfangs steigt die Kurve stärker als für kleinere Partikelgrößen und flacht im weiteren Verlauf ab. Dies hängt mit der Abscheidung von groben Partikeln zur Wand zusammen. Der anfangs ansteigende Konzentrationsverlauf kommt aus der Modellannahme, dass der gesamte Hauptvolumenstrom $\dot{V} - \dot{V}_{sek,d}$

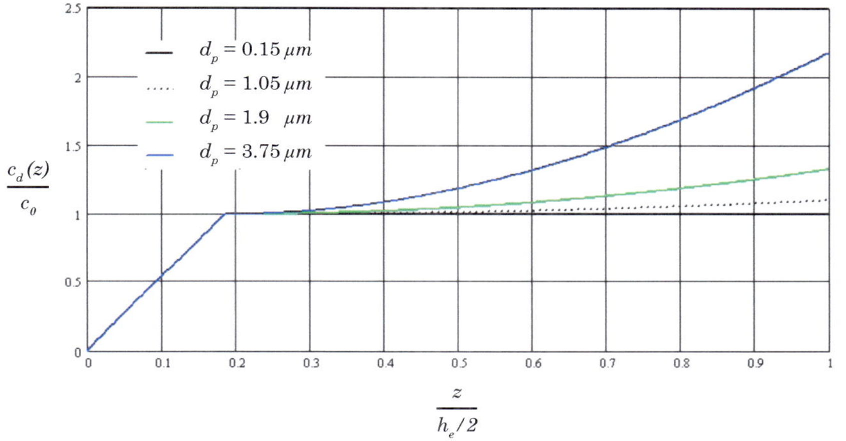

Abbildung 3.10: Rechnerischer Konzentrationsverlauf c_d im Bereich von 0 bis $h_e/2$ zusammengesetzt aus $c_d(z)$ im Bereich $0 < z \leq \sigma_d$ und $c_{d1}(z)$ im Bereich $\sigma_d < z < h_e/2$ für Partikeldurchmesser von $0,15\mu m$, $1,05\mu m$, $1,9\mu m$ und $3,75\mu m$

bei $z = \sigma_d$ hineinströmt und die Partikeln über die Eintrittshöhe verteilt eintreten.

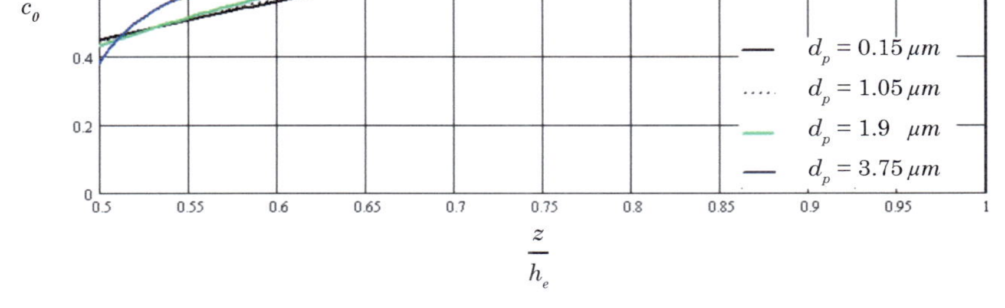

Abbildung 3.11: Konzentrationsverlauf im Abscheidebereich 1 ($h_e/2 - h_e$)für Partikeldurchmesser von $0,15\mu m$, $1,05\mu m$, $1,9\mu m$ und $3,75\mu m$

Entlang des Tauchrohres werden Partikeln in der Sekundärströmung wieder in die Hauptströmung redispergiert. Die Wiederaufwirbelung in die Hauptströmung beginnt ab einer Tauchrohrlänge von $h_{tr}/2$. In Abbildung 3.12 ist die Abnahme der Konzentration über die Tauchrohrlänge aufgezeigt. Aufgrund des Übergangs von Partikeln aus der Deckelgrenzschicht in die Tauchrohrgrenzschicht, sind anfangs des Tauchrohres gröbere Partikeln höher konzentriert als kleinere. Aus diesem Grund beginnt der Konzentrationsverlauf für gröbere Partikeln bei Werten, die oberhalb der Einlaufkonzentration liegen. Kleinere Partikeln, für die die Tangentialgeschwindigkeit zur Redispergierung am Tauchrohr nicht ausreicht, werden weder in der Deckelgrenzschicht angereichert, noch findet eine signifikante Konzentrationsabnahme über die Tauchrohrlänge statt.

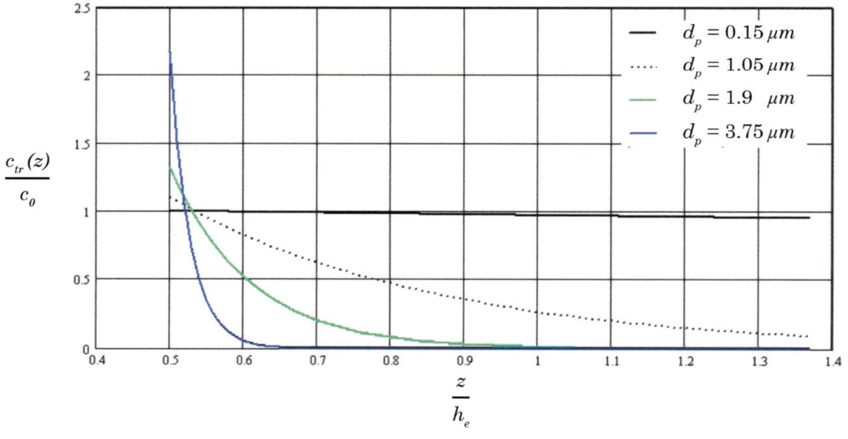

Abbildung 3.12: Konzentrationsverlauf in der Tauchrohrgrenzschicht tr ($h_e/2 - h_{tr}$) für Partikeldurchmesser von $0,15\mu m$, $1,05\mu m$, $1,9\mu m$ und $3,75\mu m$

In Abbildung 3.13 ist der Konzentrationsverlauf im Abscheidebereich 11 dargestellt. Im Unterschied zum Abscheidebereich 1 entfällt hier als Partikelquelle die Einlaufströmung. Nur Partikeln aus der Tauchrohrgrenzschicht werden in den Abscheidebereich 11 redispergiert. Grobe Partikeln sind im vorhergehenden Abscheidebereich 1 schon vom Tauchrohr redispergiert worden, so dass im Abscheidebereich 11 für diese Partikelgrößen keine Quelle auftritt. Kleine Partikeln, bei denen die Tangentialgeschwindigkeit nicht mehr für eine Abscheidung ausreicht, behalten ihre Eingangskonzentration bei. Eine Abscheidung dieser kleinen Partikeln wird nur über die Strähnenabscheidung und somit über die Grenzbeladungshypothese im vorgestellten Modell erreicht.

In Abbildung 3.14 ist die Partikelkonzentration im Abscheidebereich 2 dargestellt. Diese muss in Zusammenhang mit dem in Abbildung 3.15 dargestellten Verlauf der

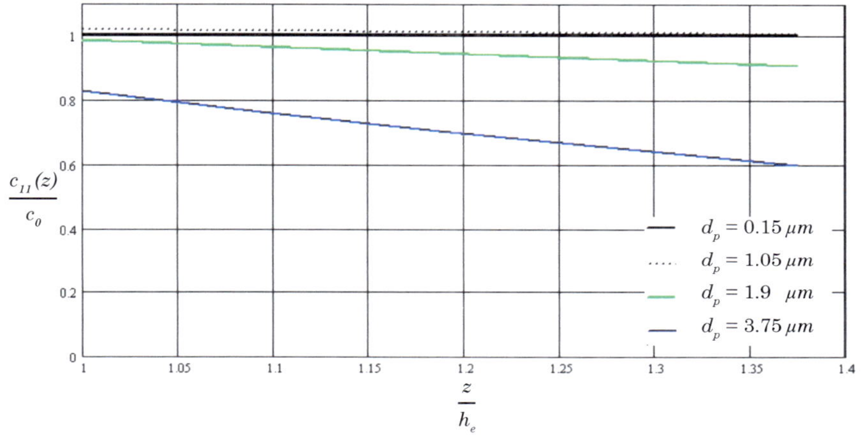

Abbildung 3.13: Konzentrationsverlauf im Abscheidebereich 11 ($h_e - h_{tr}$) für Partikeldurchmesser von $0,15\mu m$, $1,05\mu m$, $1,9\mu m$ und $3,75\mu m$

Konzentration in Abscheidebereich 4 gesehen werden. Die Konzentration von kleineren Partikeln in axialer Richtung wird kaum beeinflusst, wohingegen bei gröberen Partikeln die Wiederaufwirbelung im unteren Bereich hervorzuheben ist.

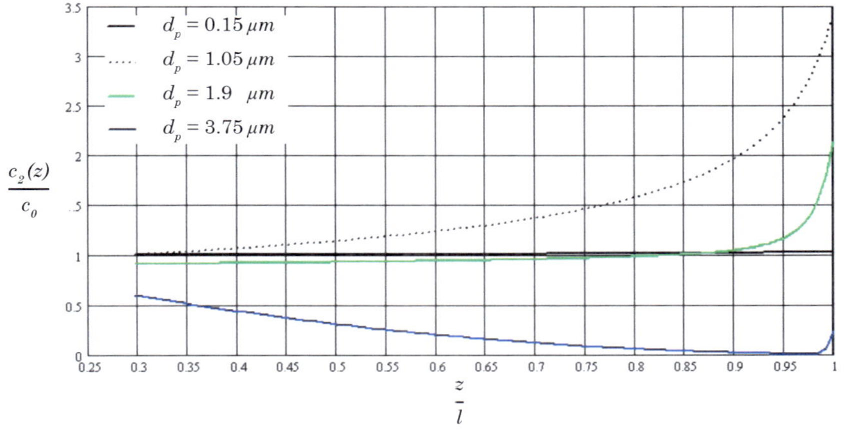

Abbildung 3.14: Konzentrationsverlauf im Abscheidebereich 2 ($h_{tr} - l$) für Partikeldurchmesser von $0,15\mu m$, $1,05\mu m$, $1,9\mu m$ und $3,75\mu m$

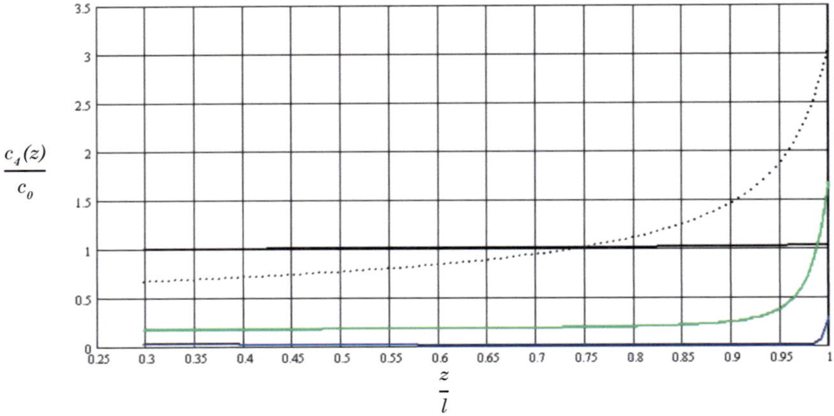

Abbildung 3.15: Konzentrationsverlauf im Abscheidebereich 4 ($h_{tr} - l$) für Partikeldurchmesser von $0,15\mu m$, $1,05\mu m$, $1,9\mu m$ und $3,75\mu m$

Neben der Abscheidung durch die Tangentialgeschwindigkeit wird der Verlauf der Konzentration in den gekoppelt berechneten Bereichen 2 und 4 von der Wiederaufwirbelung bei $z = l$ und durch den turbulenten Diffusionskoeffizienten D_{turb} beeinflusst.

3.5 Vergleich des neuen Berechnungsverfahrens mit Messungen

Um mit dem oben vorgestellten Modell zur Berechnung von hochbeladenen Zyklonen mit kurzem und langem Tauchrohr den Gesamttrenngrad und den Trenngrad berechnen zu können, ist neben der Kenntnis der Geometrie und der Betriebsbedinungen auch die Kenntnis der Partikelgrößenverteilung am Einlauf des Zyklons notwendig. Für den Zyklon 2 in Tabelle 3.1 lagen detaillierte Versuchsdaten aus der Arbeit von Hoffmann [25] vor. Die Tauchrohrstärke und die Wandrauigkeit k lagen für den Versuchszyklon von Hoffmann [25] nicht vor. Zur Berechnung wurden Annahmen getroffen, die in Tabelle 3.1 wiedergegeben sind. Der Strähnenparameter $\mathcal{S}$ wurde zu $1,5$ und der Wiederaufwirbelungskoeffizient $\mathcal{M}$ zu 50% bestimmt. In Abbildung 3.16 sind die Versuchsergebnisse für den Trenngrad, die Partikelgrößenverteilung des Eingangs-, Grob- und Feingutes und die mit dem Modell berechneten Werte eingetragen. Es ist zu erkennen, dass der berechnete Trenngrad bei Partikeln kleiner als $2\mu m$ stark von dem gemessenen abweicht. Dies ist auf den Einfluss der Grenzbeladungshypothese und der unfraktionierten Abscheidung nach Gleichung 2.37 zurückzuführen.

Hiernach wird unmittelbar am Eintritt in den Zyklon Feststoff unfraktioniert an die Wand geschleudert. Die Grenzbeladung nach Gleichung 2.37 beträgt für die in Abbildung 3.16 dargestellte Aufgabegutverteilung $3,174\,10^{-3}$. Danach werden 40,3% der Partikeln durch die Strähne unfraktioniert abgeschieden. Nach Gleichung 3.146 wird die Strähnenabscheidung aufgrund der höheren Beladung der Deckelgrenzschicht auf 24,3% reduziert. Der gemessene Trenngrad (rote Dreiecke) fällt bei Partikeln kleiner $2\mu m$ steil ab und steigt bei Partikeln kleiner $1\mu m$ wieder an. Aus Abbildung 3.16 ist festzustellen, dass der mit dem Modell berechnete Trenngrad unterhalb Partikeldruchmessern von $2\mu m$ immer stärker von dem gemessenen Trenngrad abweicht. Die größte Abweichung bei einer Partikelgröße von $1\mu m$ zu sehen. Zu kleineren Partikeln verringert sich die Abweichung.

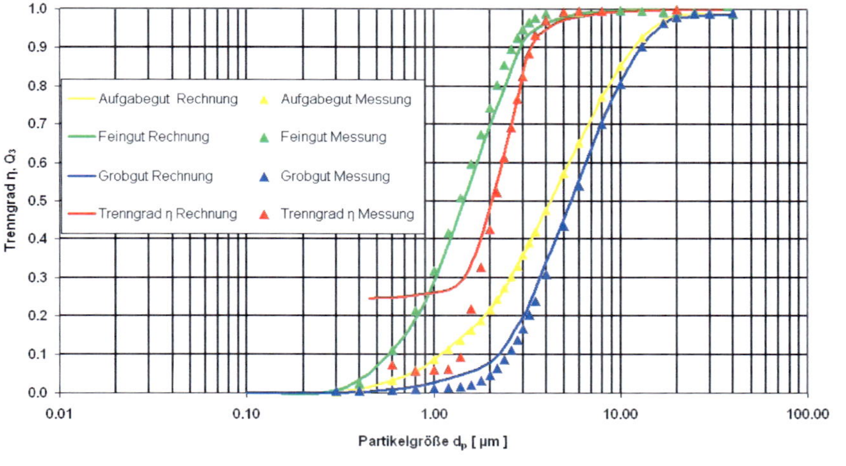

Abbildung 3.16: Trenngrad, Eingangs-, Grob- und Feingutverteilung für Zyklon 2 aus Tabelle 3.1 nach Hoffmann [25] im Vergleich zu Berechnungen nach dem neuen Modell

Die von Hoffmann [25] für seine Versuche genutzte Zyklongeometrie ist in Abbildung 3.17 als Geometrie B dargestellt. Obermair [48] führte Versuche mit verschiedenen Austragsgeometrien, unter anderem der als Geometrie A in Abbildung 3.17 dargestellten, durch. Für diese stellte Obermair [48] einen Gesamttrenngrad von 69,9% fest. Für diese Geometrie läßt sich der Strähnenparameter $\mathcal{S}$ ebenfalls zu 1,5 bestimmen. Wird der Wiederaufwirbelungskoeffizient $\mathcal{M}$ auf einen höheren Wert für die Wiederaufwirbelung gesetzt, so wird mit dem neuen Modell maximal ein Gesamttrenngrad von 77 % berechnet. Dieser liegt deutlich höher als der von Obermeier [48] gemessene Wert. Der gemessene Gesamttrenngrad von 69, 9 % für Geometrie A kann nicht mit dem vorgestellten Modell berechnet werden. Für die Rechnung wurde vorausgesetzt, dass dieselbe Partikeleingangsverteilung wie in Abbildung 3.16 vorliegt. Die Abweichung für den gemessenen zum berechneten Gesamttrenngrad für Geometrie A kann über die Versuchsführung erklärt werden, in der der Zyklon über eine Zeitspanne von mehr als 60 Minuten mit konstantem Volumenstrom und konstanter Beladung gefahren wurde und am Ende des Versuchs die Partikeln am Gas- und Feststoffauslass gemessen wurden. Durch die Wiederaufwirbelung steht mit zunehmendem Verlauf des Versuchs immer mehr Feststoff aus dem Feststoffbehälter zur Verfügung. Dies wird in dem Rechenmodell nicht erfasst.

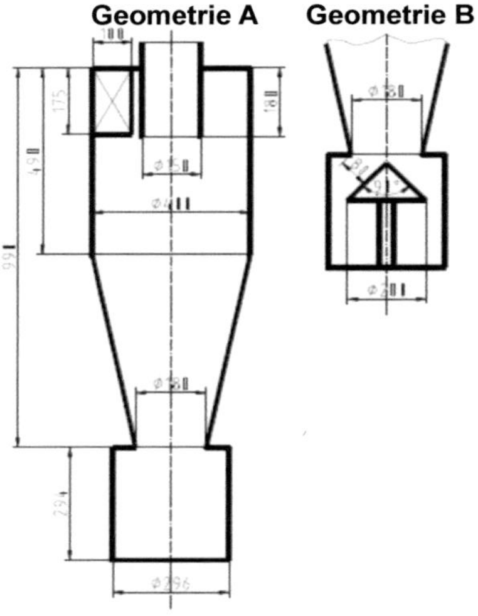

Abbildung 3.17: Zyklongeometrie nach Hoffmann [25]

Hoffmann [25] gibt den Gesamttrenngrad für den von ihm gemessenen Zyklon in Abhängigkeit von der Tauchrohrlänge an. In Abbildung 3.18 sind die von Hoffmann [25] gemessenen und die berechneten Gesamttrenngrade dargestellt. In Abbildung 3.18 ist weiterhin die minimale Tauchrohrlänge gemäß vorheriger Definition eingetragen.

Aus Abbildung 3.18 ist zu entnehmen, dass die Gesamttrenngrade über der Tauchrohrlänge bis zur minimalen Tauchrohrlänge gut wiedergegeben werden. Es ist zu erkennen, dass obwohl der berechnete Trenngrad nach Abbildung 3.16 unterhalb von

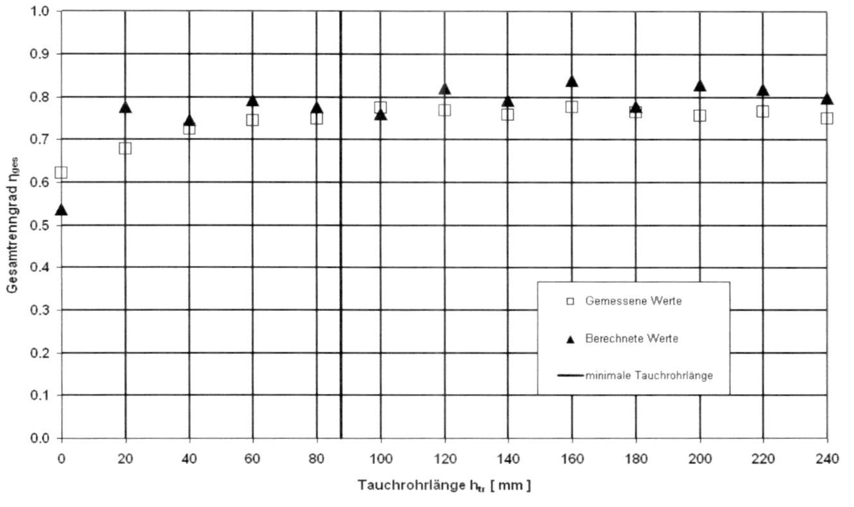

Abbildung 3.18: Von Hoffmann [25] für Zyklon 2 aus Tabelle 3.1 gemessene und berechnete Gesamttrenngrade aufgetragen über der Tauchrohrlänge h_{tr}

Partikelgrößen von $2\mu m$ stark vom gemessenen Trenngrad abweicht, der Fehler im Gesamttrenngrad gering ausfällt.

Um diese Auffälligkeit weiter zu diskutieren, sind in Abbildung 3.19 die berechneten und von Hoffmann [25] gemessenen Trenngrade bei verschiedenen Tauchrohrlängen dargestellt. Die gemessenen Werte sind jeweils als Dreiecke und die berechneten Werte als durchgezogene Kurven dargestellt.

Bis zur minimalen Tauchrohrlänge, gibt das Modell die Trenngrade ab ca. $2\mu m$ in guter Übereinstimmung mit den Messwerten wieder. Im Vergleich zu den Messergebnissen mit längeren Tauchrohren ist zu erkennen, dass bei einer Tauchrohrlänge von $h_{tr} = 40mm$ der gemessene Trenngrad einen fast ebenen Verlauf für Partikelgrößen über $4\mu m$ annimmt. Der berechnete Trenngrad ist mit diesem Verlauf nicht identisch. Das Modell zeigt bei Partikelgrößen größer $2\mu m$ einen flacheren Verlauf als der gemessene Trenngrad. Der berechnete Trenngrad schneidet bei einer Partikelgröße von $7\mu m$ den gemessenen Trenngrad. Der gemessene flache Trenngrad für Partikelgrößen über $4\mu m$ kann dadurch erklärt werden, dass einige Partikel dieser Größe aufgrund ihrer Eintrittsstelle in den Zyklon und ihrer Trägheit direkt vom Zykloneingang in den Tauchrohrauslauf gelangen. Entsprechend den vorher beschriebenen Vereinfachungen zur Berechnung von Trenngraden unterhalb einer Tauchrohrlänge von $h_{tr} < h_e/2$ wird dieser Effekt nicht berücksichtigt.

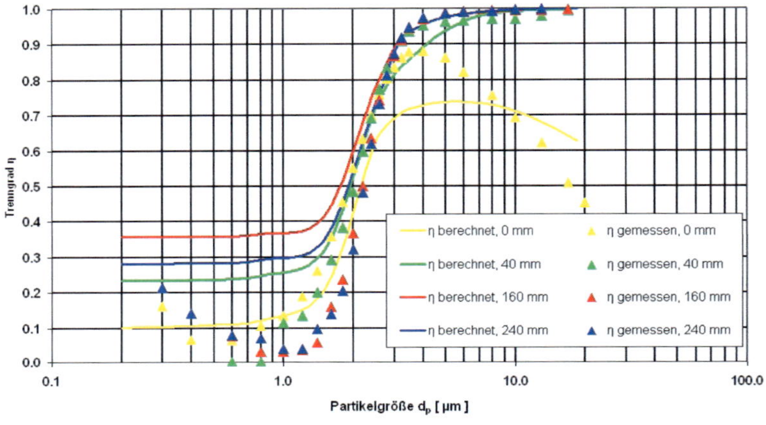

Abbildung 3.19: Verschiedene gemessene und berechnete Trenngrade bei Tauchrohrlängen von 0 mm, 40 mm, 160 mm und 240 mm. [25]

Für den Fall, dass kein Tauchrohr eingebaut ist und $h_{tr} = 0mm$ ist, gibt das Modell den gemessenen abfallenden Trenngrad tendenziell wieder. Hierdurch wird die von Trefz [59] übernommene Feststellung bestätigt, dass sich jene groben Partikeln in der Deckelgrenzschicht anreichern, die während des ersten Umlaufs im Eintrittsbereich mit der Partikelsinkgeschwindigkeit $w_s(r_a^*)$ in die Deckelsekundärströmung $\dot{V}_{sek,d}$ gelangen. Da ein Tauchrohr bei diesem Zyklon zur Redispergierung dieser Partikeln fehlt, zeigt sich der abfallende Trenngrad hin zu gröberen Partikeln. Der berechnete Trenngrad stimmt bis zu Partikelgrößen von $2\mu m$ befriedigend mit dem gemessenen überein. Insbesondere der kleine Unterschied des gemessenen zum berechneten Trenngrad für Partikeln kleiner als $2\mu m$ der sich maßgeblich durch die unfraktionierte Strähnenabscheidung bestimmt, ist hervorzuheben.

In Abbildung 3.18 ist bei der Tauchrohrlänge von 120 mm eine stärkere Abweichung zwischen Rechnung und Messung nach Hoffmann [25] zu erkennen. Um den nachzugehen sind in Abbildung 3.20 die Versuchsergebnisse für den Trenngrad, die Partikelgrößenverteilung des Eingangs-, Grob- und Feingutes und die mit dem Modell berechneten Werte eingetragen. Es fällt auf, dass das gemessene Aufgabegut gröber als bei dem in Abbildung 3.16 dargestellten Versuch mit einer Tauchrohrlänge von 180 mm ist. Hierdurch wird die Grenzbeladung gemäß der Grenzbeladungshypothese nach Gleichung 2.37 auf $2,792\,10^{-3}$ reduziert. Danach werden $48,2\,\%$ der Partikeln durch die Strähne unfraktioniert abgeschieden. Nach Gleichung 3.146 wird die Strähnenabscheidung aufgrund der höheren Beladung der Deckelgrenzschicht auf 34,3 % reduziert. Der Einfluß der Partikelgrößenverteilung des Aufgabegutes auf die Rechnung ist als sehr hoch anzusehen.

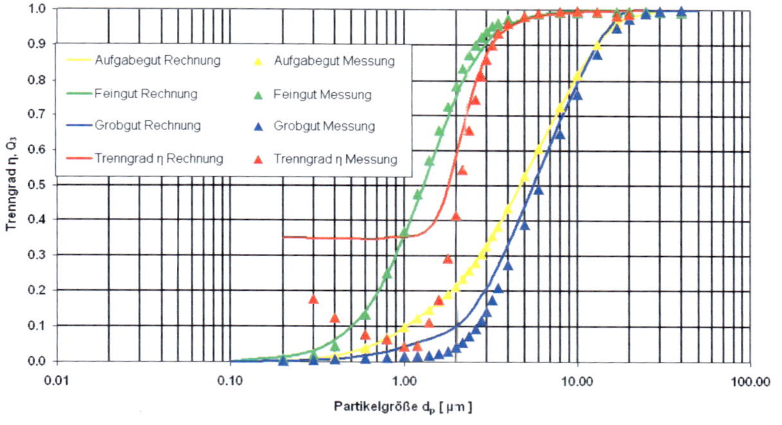

Abbildung 3.20: Trenngrad, Eingangs-, Grob- und Feingutverteilung für Zyklon 2 mit einer Tauchrohrlänge von 120 mm aus Tabelle 3.1 nach Hoffmann [25] im Vergleich zu Ergebnissen der Berechnung mit dem neuen Modell

In Abbildung 3.19 ist für die berechneten Trenngrade der Zyklone zu erkennen, dass diese für kleinere Partikeln unterschiedliche Effizienzen aufweisen. Dies ist hauptsächlich auf die unterschiedliche Partikelgrößenverteilung und somit auf die mit der Grenzbeladungshypothese berechnete unfraktionierte Abscheidung zurückzuführen. Der berechnete Trenngrad für die Tauchrohrlänge $h_{tr} = 240mm$ stimmt ab $2\mu m$ gut mit dem in Abbildung 3.19 dargestellten gemessenen Trenngrad überein. Unterhalb weicht der gemessene vom berechneten Trenngrad wieder stark ab, um bei Partikelgrößen von $1\mu m$ die größte Abweichung zu erreichen. Zu kleineren Partikelgrößen hin wird die Abweichung immer geringer.

In Abbildung 3.20 ist zwischen berechnetem und gemessenem Trenngrad ein ähnlicher Verlauf zu erkennen. Die Messungen enthalten nicht für jede Tauchrohrlänge h_{tr} Trenngradwerte für Partikelgrößen unterhalb $0,8\mu m$, um den beschriebenen Verlauf generalisieren zu können. Da kleinere Partikeln über die Fliehkraft theoretisch nicht mehr abgeschieden werden können, deutet der gemessene Trenngradverlauf darauf hin, dass kleinere Partikeln durch größere mit abgeschieden werden. Aus dem gemessenen Trenngrad ist zu erkennen, dass der Trenngrad zu kleinen Partikeln ansteigt und somit eine unfraktionierte Abscheidung, wie in der Grenzbeladungshypothese dargestellt nicht unterstützt. Weiterhin sei auf die systematische Abweichung zwischen den Versuchen, bei denen sich der Feststoffbehälter im Laufe der Versuchszeit füllt und dem Rechenmodell, bei dem diese Anreicherung nicht berücksichtigt wird, hingewiesen. Hierdurch steht im Versuchsverlauf eine immer größere Masse für die Wiederaufwirbelung aus dem Feststoffbehälter zur Verfügung. Es ist anzunehmen, dass hierdurch mehr kleine Partikeln aus dem Grobgutbehälter wieder aufgewirbelt werden, als bei der im Modell angenommenen kontinuierlichen Abführung. Dies könnte bedeuten, dass die mit der nach Gleichung 3.146 berechnete Strähnenabscheidung im Mittel einen Wert liefert, der mit Messungen übereinstimmt.

Die mit dem Modell berechneten Trenngrade stimmen bis zur minimalen Tauchrohrgröße ab Partikelgrößen von $2\mu m$ gut mit den Messungen überein. Unterhalb der minimalen Tauchrohrlänge läßt sich mit dem Modell der tendenzielle Verlauf des Trenngrades wiedergeben. Unterhalb von Partikelgrößen von $2\mu m$ läßt sich eine stärkere Abweichung des berechneten zum gemessenen Trenngrad feststellen. Für die Versuche, bei den Daten bis zu Partikelgrößen von bis zu $0,3\mu m$ vorlagen, ist ein Anstieg des gemessenen Trenngrades und somit ein Schließen der Abweichung zu erkennen. Die Übereinstimmung der gemessenen zu den berechneten Trenngraden ist durchaus als gut anzusehen, mit der Einschränkung zu feinen Partikeln hin. Eventuell wird die Abscheidung durch überschreiten der Grenzbeladung für die geringen Eintrittsbeladungen des Versuchszyklons nach Hoffmann [25] überschätzt. Allerdings sei an dieser Stelle nochmals auf die Versuche von Obermair [48] hingewiesen, der feststellte, dass im Grobgutbehälter eingebrachtes Material durch einen unbeladenen Eintrittsvolumenstrom wieder über das Tauchrohr ausgetragen werden kann. Durch die Wiederaufwirbelung werden vorrangig kleinere Partikeln zum Tauchrohr ausgetragen. Insofern kann nicht zweifelsfrei ausgeschlossen werden, dass die Abweichung der gemessenen zu den berechneten Trenngraden im Bereich kleiner Partikeln durch die diskontinuierliche Abführung des Feststoffs begründet ist.

4 Strömungssimulation

In Kapitel 3 wurde ein neues Modell zur Berechnung von Zyklonen vorgestellt. Dieses wurde anhand von Ergebnissen von Morweiser [36] und Hoffmann [25] verifiziert. Einen anderen Ansatz zur Berechnung von Zyklonen bietet die Strömungssimulation, die, wie von Wozniak [61] beschrieben, zunehmend zur Anwendung kommt. Nachfolgend wird der in Tabelle 3.1 beschriebene Zyklon 1 mittels Strömungssimulation berechnet. Die Berechnung erfolgt mit dem Programm FLUENT. Abschließend werden die Ergebnisse der Strömungssimulation mit Messungen verglichen.

4.1 Grundlagen

Mit der Strömungssimulation wird über ein iteratives Lösen von Erhaltungssätzen für Masse, Energie und Impuls ein Abbild der Strömung berechnet. Die reibungsbehaftete stationäre Strömung wird durch die Kontinuitätsgleichung beschrieben:

$$\frac{\partial \rho}{\partial t} + \frac{\partial}{\partial x_i}(\rho v_i) = Q_m \tag{4.1}$$

Gleichung 4.1 stellt die allgemeine Form der Kontinuitätsgleichung dar, bei der über den Quellterm Q_m der Masseeintrag über die zweite Phase berücksichtigt wird. Die Impulserhaltung in strömenden Medien kann wie folgt dargestellt werden:

$$\frac{\partial}{\partial t}(\rho v_i) + \frac{\partial}{\partial x_j}(\rho v_i v_j) = -\frac{\partial p}{\partial x_i} + \frac{\partial \tau_{ij}}{\partial x_j} + \rho g_i + F_i \tag{4.2}$$

In Gleichung 4.2 ist der statische Druck p, der Spannungstensor τ_{ij} und der Einfluss der Schwerkraft über ρg_i dargestellt. F_i erfasst weitere Kräfte, die z. B. aus der Interaktion mit der zweiten Phase stammen. Der Spannungstensor τ_{ij} ist folgendermaßen aufgebaut:

$$\tau_{ij} = \left[\eta\left(\frac{\partial v_i}{\partial x_j} + \frac{\partial v_j}{\partial x_i}\right)\right] - \frac{2}{3}\eta\frac{\partial v_l}{\partial x_l}\delta_{ij} \tag{4.3}$$

Die aufgeführten Gleichungen für die Massenerhaltung 4.1 und die Impulserhaltung 4.2 enthalten vier Unbekannte, drei Geschwindigkeitskomponenten sowie den Druck p und sind somit numerisch lösbar. Zur Lösung müsste das Strömungsfeld jedoch sehr fein diskretisiert werden, was einen nicht zu vertretenden Rechenaufwand darstellt. Für das Turbulenzmodell werden der Druck p und die Geschwindigkeitskomponeten v_i in einen Mittel- und einen Schwankungswert aufgeteilt:

$$v_i = \underbrace{\overline{v_i}}_{Mittelwert} + \underbrace{v'_i}_{Schwankungswert} \tag{4.4}$$

$$p = \underbrace{\overline{p}}_{Mittelwert} + \underbrace{p'}_{Schwankungswert} \tag{4.5}$$

Der Mittelwert $\overline{v_i}$ wird mit

$$\overline{v_i} = \frac{1}{T} \int_{t_0}^{t_0+T} v_i dt \tag{4.6}$$

berechnet. Dies führt zur Reynolds gemittelten Navier Stokes Gleichung :

$$\frac{\partial}{\partial t}(\rho v_i) + \frac{\partial}{\partial x_j}(\rho v_i v_j) = -\frac{\partial p}{\partial x_i} \tag{4.7}$$
$$+\frac{\partial}{\partial x_j}\left(\left[\eta\left(\frac{\partial v_i}{\partial x_j} + \frac{\partial v_j}{\partial x_i}\right)\right] - \frac{2}{3}\eta\frac{\partial v_l}{\partial x_l}\delta_{ij}\right) + \rho g_i + F_i - \frac{\partial}{\partial x_j}(-\rho\overline{u'_i u'_j})$$

Die turbulenten Effekte sind hierbei in $-\rho\overline{u'_i u'_j}$ repräsentiert und werden auch als Reynolds-spannungen bezeichnet. Um diese Reynoldsspannungen zu modellieren, wird das RSM benutzt. Hier werden zur Schließung des Gleichungssystems für die Reynoldsspannungen differenzielle Transportgleichungen gelöst:

$$\frac{\partial\overline{u'_i u'_j}}{\partial t} + u_k\frac{\partial\overline{u'_i u'_j}}{\partial x_k} = \underbrace{-\frac{\partial}{\partial x_k}\left[(\overline{u'_i u'_j u'_k}) + \overline{\frac{p'}{p}(\delta_{kj}u'_i + \delta_{jk}u'_i)} - \nu\frac{\partial}{\partial x_k}(\overline{u'_i u'_j})\right]}_{Diffusion} \tag{4.8}$$
$$+ \underbrace{P_{ij}}_{Produktion} + \underbrace{\Phi_{ij}}_{Druck-Scher-Korrelation} + \underbrace{\epsilon_{ij}}_{Dissipation} + \underbrace{R_{ij}}_{Rotationsterme} + \underbrace{S_{ij} + D_{ij}}_{Rotationsquellterme}$$

Die Transportgleichung enthält ihrerseits unbekannte Korrelationen, die durch Einführen weiterer Transportgleichungen nicht geschlossen werden können. Deswegen

σ_ϵ	σ_k	Pr_t	C_μ	C_s	C_1	C_2	C'_1	C'_2	$C_{1\epsilon}$	$C_{2\epsilon}$
1.0	1.3	0.85	0.09	0.22	1.8	0.6	0.5	0.3	1.44	1.92

Tabelle 4.1: Modellkonstanten

halbempirische Schließungsannahmen für die Reynoldsspannungen getroffen. Die sich hierbei ergebenden Modellkonstanten sind in Tabelle 4.1 wiedergegeben.

Zur Berechnung der zweiten Phase wird ein Lagrange'sches Partikelmodell gewählt, bei dem zur Beschreibung der Partikelbahn das Kräftegleichgewicht an der Partikel aufgestellt wird:

$$m_p \frac{dv_{p,i}}{dt} = W + K_i \tag{4.9}$$

Hierbei ist die Trägheit der Partikel gleichgesetzt mit der Widerstandskraft W. K_i erfaßt weitere zusätzlich definierbare Kräften, wie z.B. die Schwerkraft. Der Einfluss der zweiten Phase auf die fluide erste Phase erfolgt über die Impulsbilanz. In Gleichung 4.2 wird der Einfluss der Partikel über den Term F_i eingebracht.

4.2 Ergebnisse

Es wurde Zyklon 1 aus Tabelle 3.1 mit dem Programm FLUENT berechnet. Für diesen Zyklon ist der Druckverlust und der Trenngrad aus der Arbeit von Morweiser [36] bekannt.

Als Randbedingungen für die Strömungssimulation wird am Einlass die Einlaufgeschwindigkeit vorgegeben. Am Auslass wird eine radiale Druckverteilung vorgegeben. Um die Strömung im Zyklon durch die Wahl von ungenauen Randbedingungen nicht zu beeinflussen, wurde eine 1000 mm lange Einlaufstrecke mitberechnet. Dies führte dazu, dass das in den Zyklon eintretende Strömungsprofil durch die Einlaufstrecke ausgebildet wird. Die Auslaufstrecke wurde um 1000 mm nach dem von Morweiser [36] in seiner Messung verwendeten Drallkreuz verlängert. Durch das Drallkreuz hat Morweiser [36] einen Teil der Rotationsenergie in Druckenergie verwandelt und konnte so den Druckverlust besser bestimmen. In der Strömungssimulation wurde das Drallkreuz berücksichtigt und zudem noch eine Auslaufstrecke angehängt. Sowohl die Verlängerung am Einlauf als auch am Auslauf entsprechen den realen Versuchsbedingungen. In Abbildung 4.1 ist die berechnete Zyklongeometrie mit Einlauf- und Auslaufstrecke zu sehen. Die Tauchrohrdicke entspricht den Angaben von Morweiser [36].

Die Zyklongeometrie wurde mit zwei unterschiedlichen Gittern berechnet. In Abbildung 4.2 ist das genutzte Diskretisierungsgitter mit 600.000 unstrukturierten Tetraederzellen zu sehen. Bei diesem Gitter ist die Grenzschicht nicht durch eine Ver-

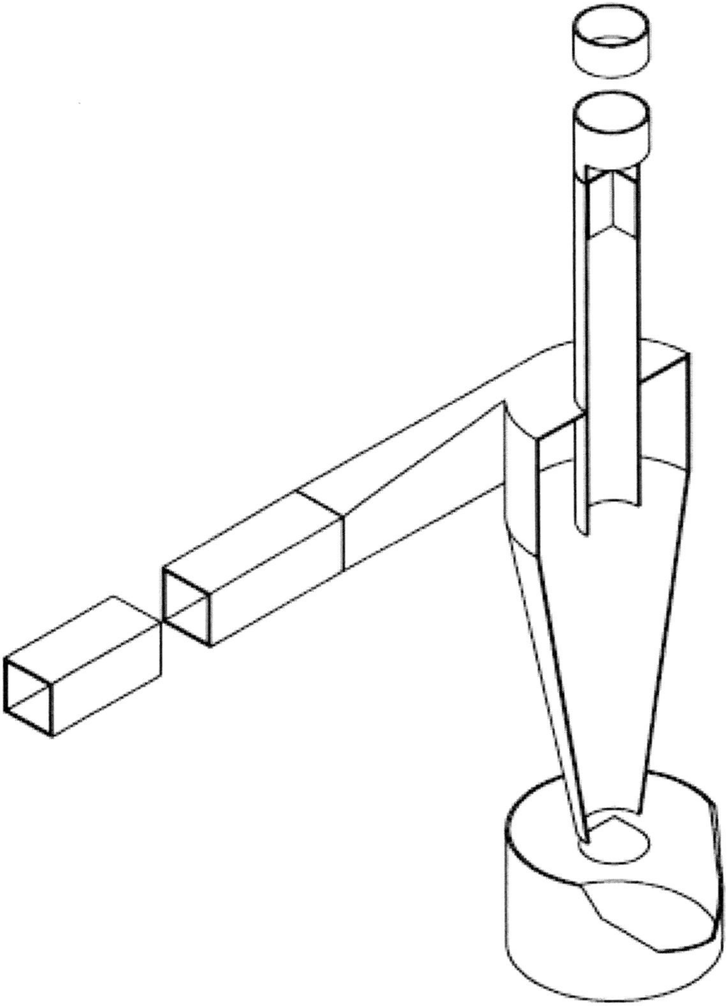

Abbildung 4.1: Zyklongeometrie 1 nach Tabelle 3.1 mit Einlauf- und Auslaufstrecke sowie Feststoffbehälter, Apexkegel und Drallkreuz

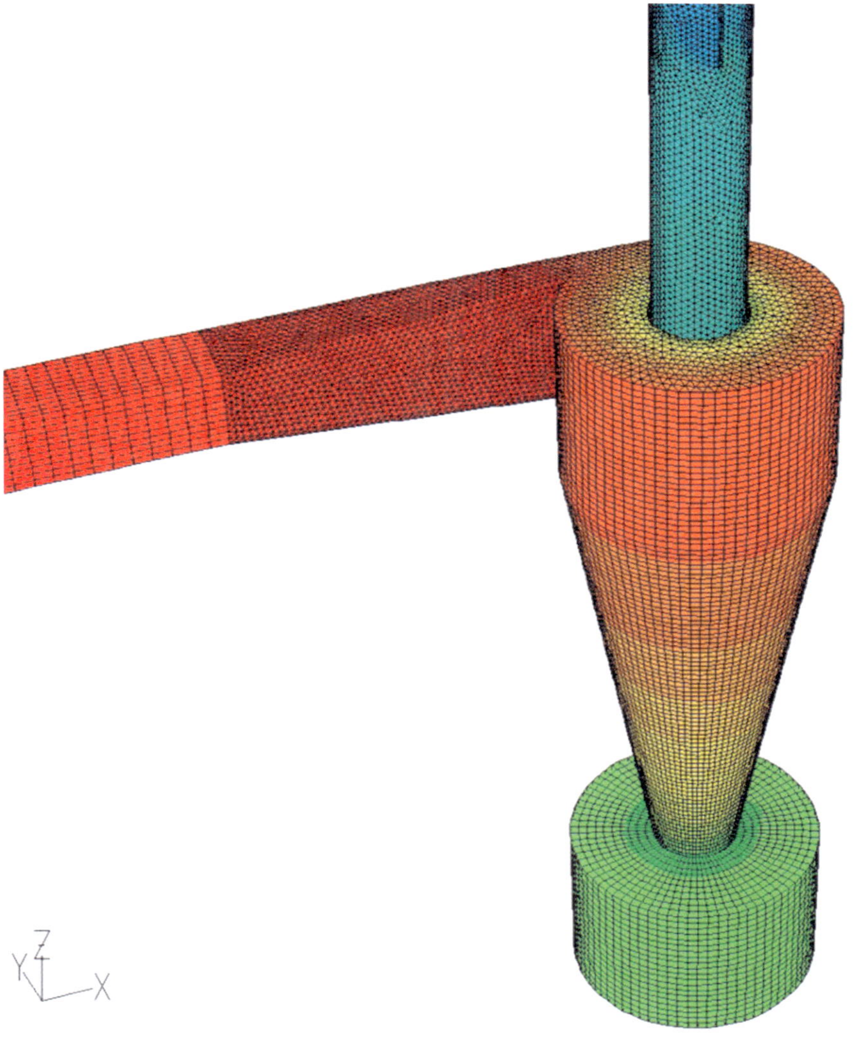

Abbildung 4.2: Diskretisierungsgitter für den Zyklon 1 nach Tabelle 3.1 (600000 Zellen)

feinerung des Gitters in Wandnähe aufgelöst. Der Einfluß der Grenzschicht auf die Hauptströmung wird durch Wandfunktionen erfaßt.

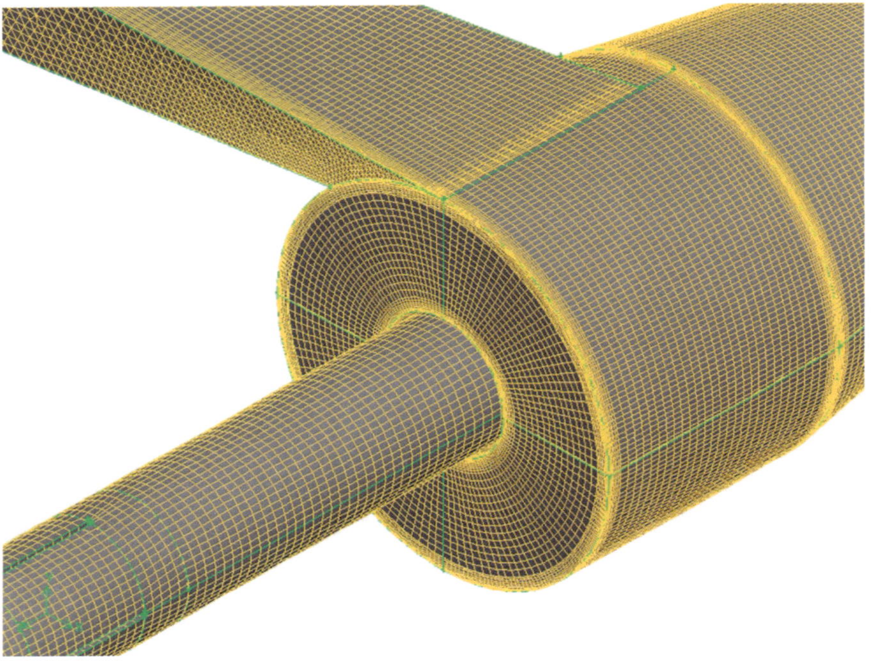

Abbildung 4.3: Diskretisierungsgitter mit Auflösung der Grenzschicht für den Zyklon 1 nach Tabelle 3.1 (1.200.000 blockstrukturierte Zellen)

Um mit dem gewählten Lagrange'schen Ansatz den Einfluss der Grenzschicht auf den Partikeltransport festzustellen, wurde die Grenzschicht wie in Abbildung 4.3 durch eine Gitterverfeinerung aufgelöst. Durch die Auflösung der Grenzschicht, d.h. durch das Einbringen von zusätzlichen Zellschichten in Wandnähe verdoppelt sich die Anzahl der Zellen im Diskretisierungsgitter auf 1.200.000. Gleichzeitig wurde ein blockstrukturiertes Gitter verwendet. Dieses bietet den Vorteil, dass die Zellwände rechtwinklig zueinander sind.

Von Morweiser [36] und Lorenz [32] wurde für diese Zyklongeometrie ein gemessener Druckverlust von $\sim 15 mbar$ und ein berechneter Druckverlust von $\sim 16 mbar$ (beide Werte aus den Arbeiten entnommen) angegeben. Als Trennpartikelgröße d_{p50} ist ein Wert von $\sim 1,03 \mu m$ angegeben.

In der Strömungssimulation mit 600.000 Zellen wurde ein Druckverlust von $15,2 mbar$

und eine Trennpartikelgröße von $1,27\mu m$ berechnet. Für die Strömungssimulation mit 1.200.000 Zellen wurde ein Druckverlust von $16,2mbar$ berechnet und eine Trennpartikelgröße von $1,17\mu m$. Die berechneten Druckverluste sind in guter Übereinstimmung mit den gemessenen Werten. Die berechneten Trennpartikelgrößen unterscheiden sich mit $1,27\mu m$ und $1,17\mu m$ von der gemessenen Trennpartikelgröße von $\sim 1,03\mu m$.

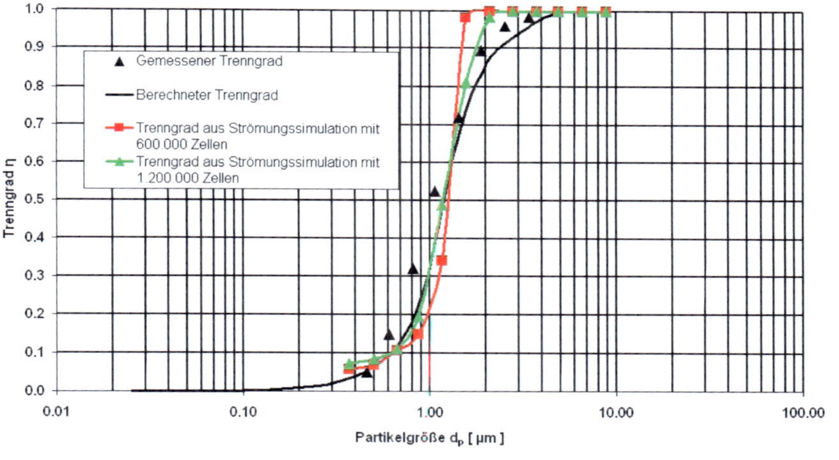

Abbildung 4.4: Gemessener Trenngrad für den Zyklon 1 nach Tabelle 3.1 im Vergleich zum nach dem neuen Modell berechneten und mit der numerischer Strömungssimulation berechneten Trenngrad, jeweils ohne und mit Auflösung der Grenzschicht

In Abbildung 4.4 sind der gemessene Trenngrad und die mit der Strömungssimulation berechneten Trenngrade aufgetragen. Als weiterer Vergleich ist die mit der in Kapitel 3 berechnete Trenngrad eingetragen. Aus Abbildung 4.4 ist zu erkennen, dass die Strömungssimulation mit 600.000 Zellen einen steileren Trenngrad aufweist als die gemessene Kurve. Die Strömungssimulation mit 1.200.000 Zellen weist hingegen im Bereich grober Partikeln eine gute Übereinstimmung mit der gemessenen Kurve auf. Dies deutet darauf hin, dass grobe Partikeln über die Deckel- und Tauchrohrgrenzschicht in das Reingas gelangen.

Abbildungen 4.5 und 4.6 zeigen beispielhaft jeweils eine Partikelbahn, die über die Deckel- und Tauchrohrgrenzschicht zum Tauchrohrauslass führt.

Abbildung 4.5 zeigt eine Partikelbahn aus der Strömungssimulationsberechung mit Auflösung der Grenzschicht, bei der die Partikel oberhalb der halben Einlaufhöhe

h_e eintritt und im Eintrittsbereich in Richtung Deckel abgelenkt wird. Nach einer Umdrehung gelangt es schließlich in die Deckelgrenzschicht. Von dort aus wird es innerhalb einer viertel Umdrehung radial zur Tauchrohrgrenzschicht transportiert und gelangt von da nach vier weiteren Umdrehungen zur Tauchrohrunterkante. Von der Tauchrohrunterkante, gelangt die Partikel in die Hauptströmung und verlässt über das Tauchrohr den Zyklon.

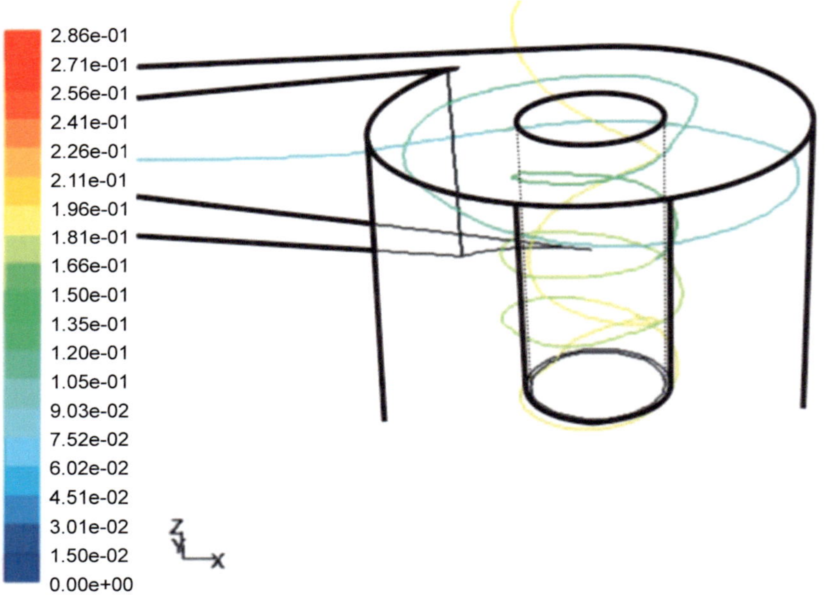

Abbildung 4.5: Partikelbahn einer Partikel, die durch die Grenzschicht am Deckel und am Tauchrohr zum Tauchrohrauslass transportiert wird. Die Partikelbahn ist eingefärbt nach der Verweilzeit in Sekunden

Abbildung 4.6 zeigt eine Partikelbahn aus der Strömungssimulation mit Grenzschichtauflösung, bei der die Partikel direkt am Einlauf des Zyklons in die Deckelgrenzschicht gelangt und von dort in die Tauchrohrgrenzschicht eingetragen wird. In der Tauchrohrgrenzschicht wird die Partikel in etwa vier Umdrehungen zur Tauchrohrunterkante transportiert. Von dort aus gelangt die Partikel in die Hauptströmung und verlässt den Zyklon über das Tauchrohr.

Beide Partikelbahnen weisen einen ähnlichen Verlauf ab dem Eintreten in die Deckelgrenzschicht auf. Die berechneten Partikelbahnen in den Abbildungen 4.5 und 4.6 bestätigen das von Trefz [59] beobachtete und gemessene Verhalten von Partikeln im Zyklon. Er stellte fest, dass grobe Partikeln in der Deckelgrenzschicht angereichert werden. Trefz [59] konnte die Anreicherung der groben Partikeln in der Deckelgrenzschicht berechnen indem er annahm, dass Partikeln, die während des ersten Umlaufs im Eintrittsbereich mit der Partikelsinkgeschwindigkeit $w_s(r_a^*)$, berechnet nach Gleichung 2.71 aussedimentieren, in die Deckelsekundärströmung $\dot{V}_{sek,d}$ gelangen. Der Verlauf der Partikelbahn in Abbildung 4.5 untermauert diese Annahme. Beide Partikelbahnen in den Abbildungen 4.5 und 4.6 stützen auch die Annahme, dass Partikeln aus der Deckelgrenzschicht in die Tauchrohrgrenzschicht übergehen. Weiterhin wird durch die spiralförmige Partikelbahn am Tauchrohr auch die Abschleuderung von Partikeln entlang des Tauchrohres durch die Zentrifugalkraft bestätigt.

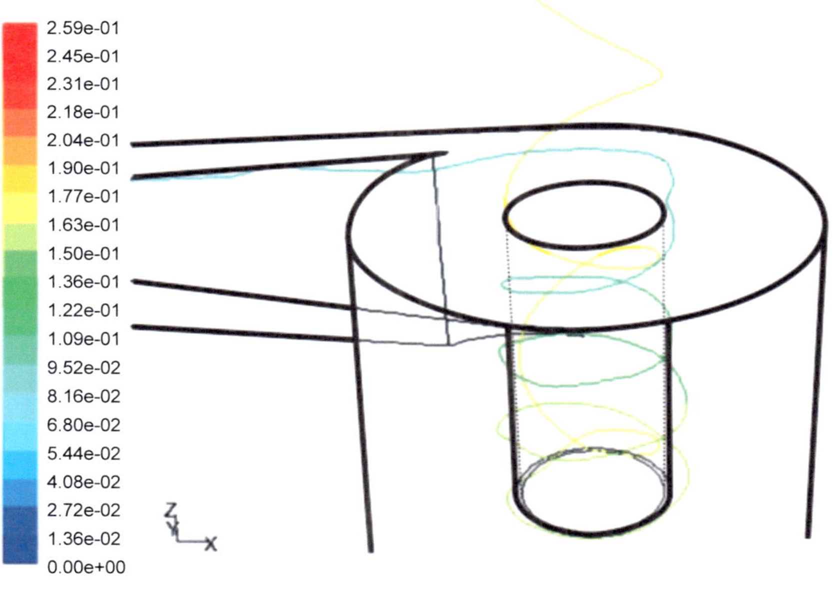

Abbildung 4.6: Partikelbahn einer Partikel, die durch die Grenzschicht am Deckel und am Tauchrohr zum Tauchrohrauslass transportiert wird. Die Partikelbahn ist eingefärbt nach der Verweilzeit in Sekunden

Diskussion der Strömungssimulation

Die Strömungssimulation ist in der Lage, die dreidimensionale turbulente Strömung darzustellen. Bei der Berechnung der Trenngradkurven mit dem Lagrange'schen Ansatz ist die Auflösung der Grenzschicht zur Berechnung von Trenngradverläufen notwendig, um den Einfluss der Grenzschichtströmung zu erfassen. Vergleicht man die nach Kapitel 3 berechnete Trenngradkurve mit der anhand der Strömungssimulation erstellten Trenngradkurve, so stellt man fest, dass letztere stärker von der gemessenen Trenngradkurve abweicht. Durch Verwendung von aufwändigeren Turbulenzmodellen (LES) ließe sich hier bestimmt eine weitere Verbesserung erzielen. Dies würde jedoch zu Lasten der Rechenzeit gehen. Die Rechenzeit für die Strömungssimulation mit 1.200.000 Zellen beträgt ca. 3 Wochen. Eine Erweiterung der Strömungssimulation mit Grenzschichtauflösung für einen Zyklon mit hoher Beladung und somit eine Wechselwirkung der Partikeln mit der Strömung und im weiteren der Partikeln miteinander würde die Rechenzeit noch weiter ansteigen lassen. Zweifellos lassen sich jedoch mit der Strömungssimulation quantitative Aussagen zur Abscheidung bei hohen Beladungen machen.

5 Berechnung hochbeladener industrieller Zyklone

Das in Kapitel 3 vorgestellte Modell zur Berechnung des Trenngrades wurde anhand von Messungen von Morweiser [36] und Hoffmann [25] verifiziert. Im Folgenden Kapitel wird das vorgestellte Modell zur Berechnung des Trenngrades von zwei industriellen Zyklonen mit hohen Eingangsbeladungen angewandt. Der Außendurchmesser der industriellen Zyklone hat in etwa den 10-fachen Wert des Außendurchmessers der von Morweiser [36] und Hoffmann [25] angegebenen Zyklone. Die zum Vergleich mit der Berechnung notwendigen Daten stammen aus Messungen an industriellen Zyklonen.

5.1 Messdurchführung

Die Messungen erfolgten an zwei Zyklonen unterschiedlichen Durchmessers und unterschiedlicher Eingangsbeladung. Die Partikelgrößenverteilungen am Eintritt und am Austritt der industriellen Zyklone resultieren aus Probenahmen. Die Probenahme am Gasaustritt des Zyklons erfolgte durch isokinetische Absaugung, um Fehler in der Partikelgrößenverteilung zu vermeiden. Eine isokinetische Absaugung liegt dann vor, wenn die Absauggeschwindigkeit gleich der Gasgeschwindigkeit im Probenahmequerschnitt ist.

In Abbildung 5.1 ist der Einfluss der nicht isokinetischen Absaugung dargestellt. Ist die Absauggeschwindigkeit w_A kleiner als die Gasgeschwindigkeit w_0 im Kanal, so wird ein Teil des Gases nach außen abgelenkt. Dieser Richtungsänderung folgen nur die feinen Partikeln, während die gröberen Partikeln aufgrund ihrer kinetischen Energie in Richtung des ursprünglichen Gasstromes weiterfliegen. Die Grenzpartikelbahn liegt weiter außen als die Grenzstromlinie. Hierbei bezeichnet die Grenzpartikelbahn die Flugbahn einer Partikel, die gerade auf die Sondenwand auftrifft. Die Messung ergibt im abgesaugten Gasstrom eine höhere Feststoffkonzentration als im Kanal. Ist die Absauggeschwindigkeit w_A größer als die Gasgeschwindigkei w_0 im Kanal, strömen die gröberen Partikeln an der Sondenöffnung vorbei, während sich die feineren Partikeln den Stromlinien angleichen und in die Sonde gelangen. Die Grenzpartikelbahn liegt weiter innen als die Grenzstromlinie. Die gemessene Feststoffkonzentration ist geringer als im Kanal.

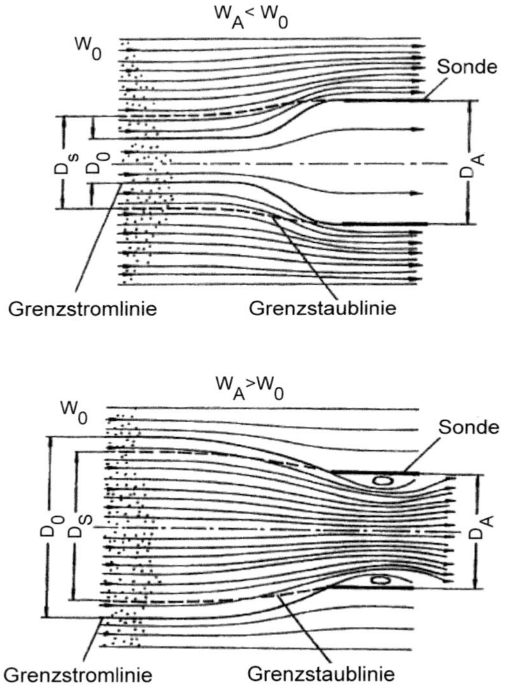

Abbildung 5.1: Verlauf der Grenzstrom- und Grenzpartikellinien bei nicht geschwindigkeitsgleicher Absaugung nach Bohnet [9]

Bei Bohnet [9] wird eine Vorgehensweise zur Korrektur einer nicht geschwindigkeitsgleichen Probenahme beschrieben, die auch hier für die Auswertung der Messwerte herangezogen wurde. Mit der Barthzahl Ba

$$Ba = \frac{w_0 w_A}{g D_A} \tag{5.1}$$

kann das Verhältnis der Konzentrationen im Abgasvolumenstrom c_a und der Hauptströmung c_0 über dem Verhältnis der Absauggeschwindigkeit w_A zur Hauptströmungsgeschwindigkeit w_0 wie in Abbildung 5.2 dargestellt werden.

Tendenziell wurden eher leicht überisokinetische Verhältnisse bei der Probenahme eingestellt, um entsprechend dem Kurvenverlauf in Abbildung 5.2 die Abweichun-

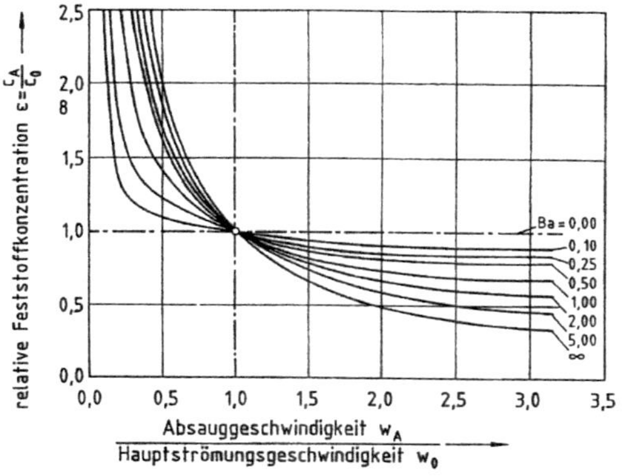

Abbildung 5.2: Relativer Partikelgehalt in der Sonde in Abhängigkeit von der Absauggeschwindigkeit, Kanalgeschwindigkeit, Partikelgröße und Sondendurchmesser nach Bohnet [9]

gen zu reduzieren. Für eine möglichst fehlerfrei Messung wurden lange Messzeiten gefahren.

Im Fall höherer Feststoffmassenströme zeigte Werther [60], dass die Absauggeschwindigkeit der Sonde nur einen geringen Einfluss auf den gemessenen Feststoffmassenstrom hat. Die Partikelgrößenverteilung des abgesaugten Feststoffes wurde durch die Absauggeschwindigkeit ebenfalls kaum beeinflußt. Dies konnte für die Proben der Partikelgrößenverteilungen in den Zyklon bestätigt werden, da eine Korrektur mit der Methode nach Bohnet [9] keinen Einfluss auf die Partikelgrößenverteilung hatte. Die Proben der Partikelgrößenverteilung am Tauchrohraustritt wurden mit der Methode nach Bohnet [9] korrigiert, allerdings konnte nur ein vernachlässigbarer Einfluss festgestellt werden.

Generell ist zu sagen, dass sich die Probenahme an heißen und bei Überdruck arbeitenden hochbeladenen industriellen Zyklonen durchaus schwierig gestaltet. So sind die Platzverhältnisse in den Anlagen nicht auf umfangreiche Messungen ausgelegt und auch die Rohrleitungsführung zum und vom Zyklon muss in die Gesamtaufstellung der Anlage passen. Die Einströmung in einen der gemessenen Zyklone war durch einen vorhergehenden aufstellungsbedingten sehr kurzen Einlaufkanal und eine vorhergehende Vertikalförderung stark gestört. An diesem Zyklon wird die neue Berechnungsmethode mit starker Ungleichverteilung der Konzentration über die Höhe des Einlaufs verifiziert. In Tabelle 5.1 ist dieser Zyklon als industrieller Zyklon 2 bezeichnet. Weiterhin ist bei den Messungen ein sehr hochbeladener Zyklon enthalten, der eine lange Einlaufstrecke aufweist und somit ein Referenzfall für die minimale Ungleichverteilung der Einlaufverteilung ist. An diesem Zyklon wird die neu entwickelte Berechnungsmethode ohne Ungleichverteilung verifiziert. Dieser Zyklon ist in Tabelle 5.1 als industrieller Zyklon 1 bezeichnet. Die Dichte des Feststoffes beträgt 2000 kg/m^3.

			Indust. Zyklon 1	**Indust. Zyklon 2**
Volumenstrom	$\dot{V}$	$[m^3/s]$	3,38	97,8
dynamische Viskosität	η_g	[Pa s]	$25,5\,10^{-6}$	$41,1\,10^{-6}$
Gasdichte	ρ_g	$[kg/m^3]$	0,904	0,415
Feststoffmassenstrom	$\dot{M}_p$	[kg/s]	83	48,9
Eintrittsbeladung	μ^*	[-]	27,5	1,2
Tauchrohrradius	r_i	[m]	0,37	1,05
Zyklonaußenradius	r_a	[m]	0,8	2,2
Partikelaustragsradius	r_u	[m]	0,15	0,2
Tauchrohrlänge	h_{tr}	[m]	1,49	3,4
Zyklongesamthöhe	h	[m]	3,86	12,4
Zylindrische Höhe	h_z	[m]	1,52	4,89
Einlaufhöhe	h_e	[m]	0,43	3,91
Einlaufbreite	b_e	[m]	0,43	1,29
Wandrauigkeit	k_s	[μm]	50	100

Tabelle 5.1: Dimensionen und Betriebsbedingungen der industriellen Zyklone

5.2 Vergleich Messungen und Rechnung

Zuerst wird, wie bereits in Kapitel 3.1 gezeigt, das Geschwindigkeitsfeld für Zyklon 1 bestimmt. Hierfür wurde der Parameter S mit $1,3$ für den Zyklon 1 bei der Eingangsbeladung $\mu^* \sim 27,5$ angepasst. Die Beladung der Deckelgrenzschicht μ_D entspricht nach Trefz [59] dem 6-Fachen der Grenzbeladung. Die Tauchrohrlänge von Zyklon 1 überragt die Einlaufhöhe. Somit erfolgt die Berechnung des Trenngrades mit den in Kapitel 3.2.1 dargestellten Gleichungen für den Zyklon mit langem Tauchrohr. Der Wiederaufwirbelungkoeffizient $\mathcal{M}$ des Zyklons wurde durch Anpassung der berechneten Partikelbeladung am Reingasaustritt an die gemessene bestimmt.

In Abbildung 5.3 ist die gemessene Partikelgrößenverteilung des Eingangsmassenstroms und des Massenstroms im Tauchrohr des Zyklons 1 dargestellt. Die zur Partikelgrößenverteilung des Eingangsmassenstroms zugehörige Partikelvolumenverteilungsdichte q_3 weist bei kleinen Partikeln um $5\mu m$ und bei groben Partikeln um $110\mu m$ ein Maximum auf. Die mittlere Partikelgröße $d_{p,50}$ des Aufgabegutes beträgt $90\mu m$.

Die durchgezogene Linie stellt die sich aus der Berechnung ergebende Partikelgrößenverteilung am Tauchrohrausgang dar. Der Haupteinfluss auf die Abscheidung ist die

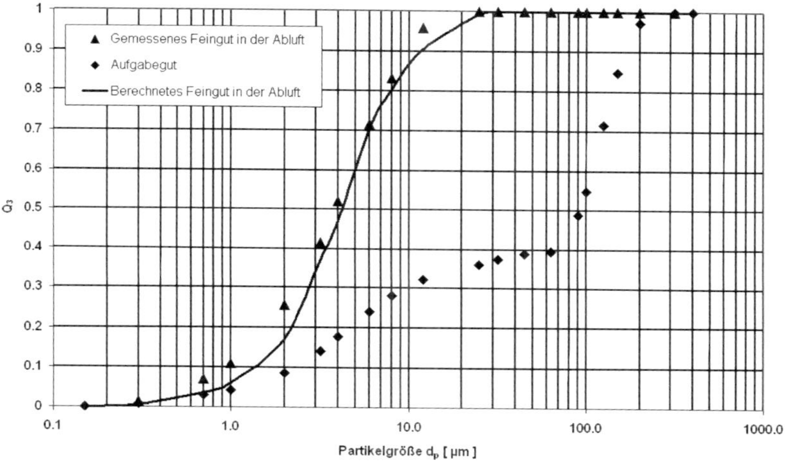

Abbildung 5.3: Gemessene und berechnete Partikelgrößenverteilung am Tauchrohrauslass für Zyklon 1 bei dargestellter Partikelgrößenverteilung des Eingangsmassenstroms

Überschreitung der Grenzbeladung. Die Übereinstimmung der berechneten mit der gemessenen Partikelgrößenverteilung als sehr gut anzusehen. Die Abscheidung kleinerer Partikeln wird tendenziell richtig wiedergegeben, jedoch zu schlecht berechnet. Diese Messung wurde durch eine nicht simultan genommene Partikelprobe am Eintritt und am Austritt beeinflusst. Hierdurch kann die wahre Partikelgrößenverteilung am Eintritt von der für die Rechnung vorgegebenen differieren.

In Abbildung 5.4 ist die gemessene Partikelgrößenverteilung des Eingangsmassenstroms und des Tauchrohrstroms des Zyklons 2 dargestellt. Die mit der Partikelgrößenverteilung des Eingangsmassenstroms berechnete Partikelgrößenverteilung des Abgases am Tauchrohr ist durch eine durchgezogene Kurve dargestellt.

Die Bestimmung des Geschwindigkeitsfeldes erfolgt wie in Kapitel 3.1 dargestellt. Der Parameter $\mathcal{S}$ wurde zu $3,1$ für den Zyklon 2 bei einer Eingangsbeladung von $\mu^* \sim 1,2$ bestimmt. Das Tauchrohr ist beim Zyklon 2 kürzer als die Höhe des Einlaufs. Zyklon 2 weist eine höhere Beladung der Deckelgrenzschicht aufgrund der schlechteren Anströmung auf. Wird diese erhöhte Beladung in die zur Berechnung des Trenngrades nach den Gleichungen aus Kapitel 3.2.2 für die Berechnung des Zyklons mit kurzem Tauchrohr verwendet, ergibt sich die in Abbildung 5.4 dargestellte Partikelgrößenverteilung am Tauchrohrauslass. Die Übereinstimmung der gemessenen mit der berechneten Partikelgrößenverteilung im Abgas ist als sehr gut zu bezeichnen. Für gröbere Partikeln sagt das Modell eine bessere Abscheidung als gemessen voraus.

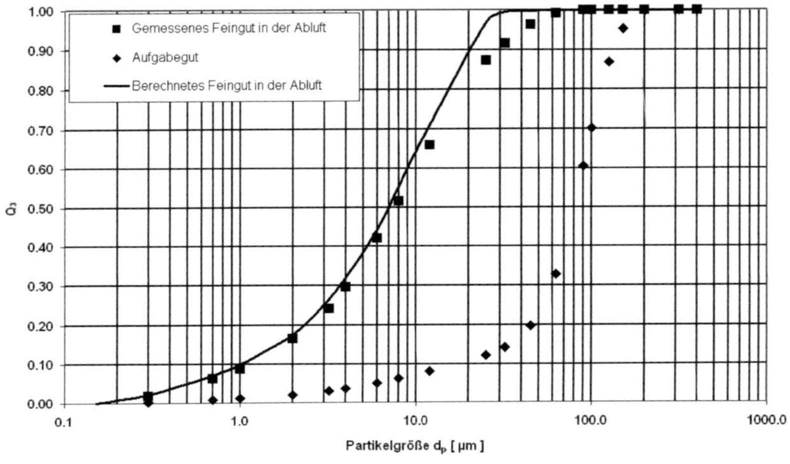

Abbildung 5.4: Gemessene und berechnete Partikelgrößenverteilung am Tauchrohrauslass für Zyklon 2 bei dargestellter Partikelgrößenverteilung des Eingangsmassenstroms

Diskussion der Ergebnisse

Das in Kapitel 3 vorgestellte Modell wurde für die Berechnung des Trenn- und Gesamtabscheidegrades von zwei hochbeladenen industriellen Zyklonen angewandt. Die Übereinstimmung der Berechnungsergebnisse mit den Messwerten ist gut. Somit liegt ein Modell zur Berechnung des Trenn- und Gesamtabscheidegrades vor, das neben dem Druck- und Temperatureinfluss auch den Einfluss der Beladung auf die Abscheidung wiedergibt. Weiterhin kann mit dem Modell der Einfluss der Eintrittskonzentrationsverteilung auf die Abscheidung berechnet werden. Das Modell ist für den Zyklon mit tangentialem Einlauf erstellt und setzt die Kenntnis des Wiederaufwirbelungskoeffizienten voraus.

6 Zusammenfassung

In dieser Arbeit wird ein Berechnungsverfahren für hochbeladene Zyklone vorgestellt. Die Abscheidung von Partikeln in einem hochbeladenen Zyklon wird von der Strähnenabscheidung am Einlauf und von der Wiederaufwirbelung am Auslauf des Zyklons bestimmt.

Das Modell ermöglicht die Berechnung des Trenn- und Gesamttrenngrades von hochbeladenen Zyklonen bei unterschiedlichen Temperaturen und Drücken. Das Modell verbindet die Vorzüge des im VDI-Wärmeatlas Stand 2006 [43] dargestellten Abscheidemodells für hohe Eintrittsbeladungen und des von Lorenz [32] und Morweiser [36] vorgestellten analytischen Abscheidemodells. Weiterhin bietet es die Möglichkeit bei Kenntnis des Wiederaufwirbelungkoeffizienten eine Ungleichverteilung der vertikalen Partikelkonzentration im Einlauf zu erkennen.

In dem Modell wurde der von Morweiser [36] für den turbulenten und den laminaren Reynoldsbereich getrennt angegebene Wandreibungskoeffizient durch Superposition für den gesamten Reynoldsbereich dargestellt. Der Wandreibungskoeffizient wird zur Berechnung des Geschwindigkeitsfeldes im unbeladenen Zyklon nach einem Ansatz von Meissner [34] genutzt. Für hochbeladene Zyklone wird die Reduktion der für die Abscheidung maßgeblichen Tangentialgeschwindigkeit durch die Eintrittsbeladung und durch Einführung des Strähnenparameters $\mathcal{S}$ in eine modifizierte Gleichung für den Wandreibungskoeffizienten unter Berücksichtigung der Feststoffreibung an der Wand eingebracht. Der Strähnenparameter $\mathcal{S}$ wird durch Anpassung des relativen Tangentialgeschwindigkeitsverlaufs über der Eintrittsbeladung an eine von Rentschler [51] ermittelte Kurve bestimmt. Hierdurch ist das Geschwindigkeitsfeld und die für die Abscheidung charakteristische Tangentialgeschwindigkeit auf dem Tauchrohrradius für den hochbeladenen Zyklon bekannt.

Aufbauend auf dem Abscheidemodell von Lorenz [32] und Morweiser [36] wurde ein Abscheidemodell entwickelt, das den Einfluss einer ungleichmäßigen Partikelverteilung im Einlauf auf die Abscheidung zeigt. Durch dieses Modell konnten die Erkenntnisse von Trefz [59], der eine gegenüber der Hauptströmung höher beladene Deckelströmung feststellte, in das Abscheidemodell eingebracht werden. Das Abscheidemodell wurde unterschieden in ein Modell, bei dem das Tauchrohr über den Einlaufkanal hinausragt und in eines, bei dem das Tauchrohr kürzer ist als der Einlaufkanal. Die Gültigkeit des letzteren beschränkt sich auf eine minimale Tauchrohrlänge von der halben Einlaufhöhe, wobei im Vergleich zu Messergebnissen von Hoffmann [25] gezeigt werden konnte, dass das Modell für geringere Tauchrohrlängen tendenziell richtige Trenngrade und Gesamttrenngrade wiedergibt. In dem Modell wird die Wiederaufwirbelung von mit der Strähne abgeschiedenen Partikeln berücksichtigt.

Das Modell wurde in dieser Arbeit an zwei kleineren und zwei industriellen Zyklonen validiert. Sowohl bei den kleineren als auch bei den industriellen Zyklonen ist die Übereinstimmung der Mess- mit den Berechnungsergebnissen gut. Die nachgerechneten Zyklone hatten Außendurchmesser von 150 mm bis zu 4400 mm. Die eintretenden Massenströme reichten von wenigen Milligramm bis zu mehreren Kilogramm pro Sekunde. Die Eintrittsbeladung variierte von $8{,}3\text{x}10^{-5}$ bis 27,5. Über die Anpassung der Wiederaufwirbelung am Feststoffausstritt des Zyklons konnten gemessene Gesamtabscheidegrade bei unterschiedlichen Zyklonaustragsgeometrien nachvollzogen werden.

Die mit dem Modell berechneten Partikelgrössenverteilungen am Tauchrohraustritt und somit der Trenn- als auch der Gesamtabscheidegrad stimmen gut mit den gemessenen Werten überein. Die Messwerte von Hoffmann [25] zeigen, dass im Bereich sehr kleiner Partikeln der Verlauf des Trenngrades nach Erreichen eines Minimums wieder ansteigt. Dies kann mit dem vorgestellten Modell nicht dargestellt werden. Es liegen Agglomerationseffekte vor, die mit dem vorgestellten Modell nicht erfasst werden.

Mit dem beschriebenen Berechnungsverfahren kann der Trenngrad und der Gesamttrenngrad von Zyklonen mit tangentialem Einlauf für unterschiedliche Geometrie- und Betriebsdaten gut vorausgesagt werden.

Weiterhin wurde durch numerische Strömungssimulation nachgewiesen, dass die Deckelgrenzschicht erheblichen Einfluss auf den Verlauf des Trenngrades des Zyklons hat. So konnten Partikelbahnen berechnet werden, die der von Trefz [59] festgestellten Beobachtung, wonach sich vorrangig gröbere Partikeln in der Deckelgrenzschicht ansammeln und dann über die Tauchrohrgrenzschicht ausgetragen werden, bestätigt werden. Dieser Ansatz wurde in den Abscheidemodellen von Lorenz [32] und Morweiser [36] verwendet und ist auch in das hier vorgestellte Modell eingeflossen.

Literaturverzeichnis

[1] Alexander, R.: Fundamentals of Cyclone Design and Operation. In: *Proc. Austral. Inst. Min. Met.* (1949)

[2] Anh, H. C.: *Modellierung der Partikelagglomeration im Rahmen des Euler / Lagrange Verfahrens und Anwendung zur Berechnung der Staubabscheidung im Zyklon.* Dissertation, Martin Luther Universität Halle Wittenberg, 2004

[3] Bankel, J. ; Olsson, E.: Measurements of particle velocity in a cyclone separator using laser doppler anemometer. In: *4th Circulating Fluidized Bed Conference. Hidden Valley, Penn. USA* (1993), S. 517–524

[4] Barth, W.: Aussprachebeiträge. In: *VDI Tagungsheft 3, Probleme des Zyklonabscheiders* (1954), S. 38

[5] Barth, W.: Druckverluste und Abscheideleistungen von Zyklonabscheidern. In: *VDI Tagungsheft 3, Probleme des Zyklonabscheiders* (1954), S. 11–15

[6] Barth, W.: Berechnung und Auslegung von Zyklonabscheidern auf Grund neuerer Untersuchungen. In: *Brennstoff Wärme Kraft, Band 8, Nr.1* (1956), S. 1–9.

[7] Benker, H.: *Differenzialgleichungen mit Mathcad und Matlab.* Springer Verlag, 2005.

[8] Bernard, J. G.: *Experimental investigation and numerical modelling of cyclones for application at high temperatures.* Delft University Press, 1992.

[9] Bohnet, M.: Particulate Sampling. In: *Air Pollution Control Part III* (1978), S. 79–119.

[10] Bohnet, M.: Transport of Powders and Bulk Solids. In: *Proceedings of International Symposium on Powder Technology '81* (1981), S. 265–275.

[11] Bohnet, M.: Cyclone Separators for Fine Particles and Difficult Operating Conditions. In: *KONA Powder and Particles No. 12* (1994), S. 69–76.

[12] Bohnet, M. ; Brauer, H. (Hrsg.): *Handbuch des Umweltschutzes und der Umweltschutztechnik, Bd3. Additiver Umweltschutz - Behandlung von Abluft und Abgasen, Zyklonabscheider.* Springer Verlag, 1996.

[13] Colebrook, C. F.: Turbulent Flow in Pipes with Particular Reference to the Transition Region. In: *Journal of the Institution of Civil Engineers, Vol. 11* (1938-39), S. 368–374

[14] Company, K.: Staubsammler. In: *Patentschrift: DRP Nr. 39219* (1886)

[15] Derksen, J.: Separation Performance Predictions of a Stairmand High-Efficiency Cyclone. In: *AiChE, Vol. 49* (2003), S. 1359–1371

[16] Drabner, M.: *Leistungssteigerung am Fliehkraftabscheider durch Minderung negativer Grenzschichteffekte.* Dissertation TH Leuna Merseburg, 1987.

[17] Ebert, F.: *Berechnung rotationssymmetrischer, turbulenter Grenzschichten mit Sekundärströmung.* Deutsch Luft- und Raumfahrt, Forschungsbericht 67-56, 1967.

[18] Fraser, S. M. ; Abdullah, M. Z.: Experimental investigations of an improved cyclone dust separator. In: *Proceedings of the 7th Intern. Conf. Laser Anemometry Advances and Application* (1997), S. 133–140

[19] Gimbun, J. ; Chuah, T. ; Fakhru'l-Razi, A. ; Choong, T.: The influence of temperature and inlet velocity on cyclone pressure drop: a CFD study. In: *Chemical Engineering and Processing 44* (2005), S. 7–12.

[20] Gorton-Hülgerth, A.: *Messungen und Berechnungen der Geschwindigkeitsfelder und Partikelbahn im Gaszyklon.* Dissertation, Technische Universität Graz, 1998.

[21] Gottschalk, O.: *Verbesserung der Abscheideleistung von Zyklonabscheidern durch Teilgasabsaugung.* Shaker Verlag, Dissertation Technische Universität Braunschweig, 1996

[22] Greif, V.: *Reduzierung des Druckverlustes von Zyklonabscheidern durch Rückgewinnung der Drallenergie sowie Abscheidung bei kleinen und kleinsten Staubbeladungen.* Düsseldorf : VDI Fortschrittsberichte, Reihe 3 Verfahrenstechnik, Nr. 470, 1997.

[23] Harasek, M. ; Horvath, A. ; Jordan, C.: Investigations of dependence of gas flow on the geometry of cyclone seperators by CFD simulation. In: *Proceedings CHISA, E 3.6 (606)* (2004)

[24] Hoffmann, A. ; Groot, M. d. ; Peng, W. ; Dries, H. W. A. ; Kater, J.: Advantages and Risks in increasing cyclone separator length. In: *AiChE Journal, Vol 47, No. 11* (2001), S. 2452–2460

[25] Hoffmann, D.: *Sekundärströmungen im Tauchrohrbereich eines Zyklons und ihr Einfluß auf die Partikelabscheidung.* Dissertation, Technische Universität Graz, 1997.

[26] Hugi, E.: *Auslegung hochbeladener Zyklonabscheider für zirkulierende Gas/Feststoff-Wirbelschicht-Reaktorsysteme.* Düsseldorf : VDI Fortschrittsberichte, Reihe 3: Verfahrenstechnik, 1997.

[27] Iinoya, K.: Study on the cyclone. In: *Mem. Faculty Eng. Nagoya Univ. 5* (1953), S. 131–178

[28] Kecke, H.: *Beitrag zur Klärung des Strömungsvorganges und der Staubbewegung im Zyklon.* Dissertation Technische Hochschule Otto von Guericke Magdeburg, 1966

[29] Kirch, R.: *Der Einfluß der Turbulenz auf die Partikelbewegung im Gaszyklon.* Düsseldorf : VDI Fortschrittsberichte, Reihe 7: Strömungstechnik, 1988.

[30] Krambock, W.: Kritische Anmerkungen zur Untersuchung an Zyklonabscheidern. In: *Chem.-Ing.-Tech. 51, Nr. 5* (1979), S. 493–496.

[31] Lalak, I. ; Seeber, J. ; Kluger, F. ; Krupka, S.: Operational Experience with High Efficiency Cylones: Comparision Between Boiler A and B in the Zeran Power Plant, Warsaw / Poland. In: *VGB Power Tech. 9* (2003), S. 90–94

[32] Lorenz, T.: *Heißgasentstaubung in Zyklonen.* Düsseldorf : VDI-Fortschrittsber., Reihe 3, Nr.366, Dissertation Technische Universität Braunschweig, 1994.

[33] Vereinigte Maschinenfabrik Augsburg und Maschinenbaugesellschaft Nürnberg, A.: Durch Fliehkraft wirkender Luftreiniger mit im Luft-Abzugsrohr angeordneten festen Scheidewänden. In: *Patentschrift: DRP Nr. 134360* (1901)

[34] Meißner, P.: *Zur turbulenten Drehsenkenströmung im Zyklonabscheider.* Technische Hochschule Karlsruhe, 1977.

[35] Meldau, R.: *Der Industriestaub.* VDI Verlag, Berlin, 1926.

[36] Morweiser, M.: *Einfluss von Druck und Temperatur auf Trenngrad und Druckverlust von Aerozyklonen.* Aachen : Shaker - Verlag, Dissertation Technische Universität Braunschweig, 1998

[37] Mothes, H.: *Bewegung und Abscheidung der Partikeln im Zyklon.* Technische Hochschule Karlsruhe, 1982.

[38] Mothes, H. ; Löffler, F.: Bewegung und Abscheidung der Partikeln im Zyklon. In: *Chem. Eng. Process 18* (1984), S. 323–331

[39] Muschelknautz, E.: Theorie der Fliehkraftabscheider mit besonderer Berücksichtigung hoher Temperatur und Drücke. In: *VDI-Berichte Nr. 363* (1980), S. 49–56

[40] Muschelknautz, E. ; Brunner, K.: Untersuchungen an Zyklonen. In: *Chemie-Ing. Techn. 39 Jahrgang, Heft 9/10* (1967), S. 531–538

[41] Muschelknautz, E. ; Muschelknautz, U.: Mit Feststoff hochbeladene Zyklonabscheider. In: *VDI Berichte Nr 1290* (1996), S. 81–93.

[42] Muschelknautz, U.: Hart bleiben- Verschleißschutztechnik in schüttguttechnischen Anlagen. In: *Chemie Technik Nr. 10* (2005), S. 14–18

[43] Muschelknautz, U.: Zyklone zum Abscheiden fester Partikel aus Gasen. In: *VDI Wärmeatlas, 10. Auflage, VDI Verlag, Düsseldorf* (2006), S. Lcd1–Lcd12

[44] Muschelknautz, U. ; Muschelknautz, E.: Abscheideleistung von Rückführzyklonen in Wirbelschichtfeuerungen. In: *VGB Kraftwerks Technik* (1999)

[45] Nagel, R.: Der Einfluß des Materials auf den Druckabfall im Zyklon. In: *VDI Tagungsheft 3, Probleme des Zyklonabscheiders* (1954), S. 25–28

[46] Nicolai, R.: *Experimentelle Untersuchungen zur Strömungsmechanik in einer hochexpandierten zirkulierenden Gas/Feststoff - Wirbelschicht.* Dissertation, ETH Zürich Nr. 11344, 1995.

[47] Nikuradse, J.: Strömungsgesetze in rauhen Rohren. In: *VDI Verlag, Berlin NW 7, Forschungsheft 361* (1933)

[48] Obermair, S.: *Einfluss der Feststoffaustragsgeometrie auf die Abscheidung und den Druckverlust eines Gaszyklons.* Dissertation, Technische Universität Graz, 2002.

[49] Peng, W. ; Boot, P. ; Udding, A. ; Hoffmann, A. C. ; Dries, H. W. A. ; Ekker, A. ; Kater, J.: Determining the best modelling assumptions for cyclones and swirl tubes by CFD and LDA. In: *Proceedings Session: Multiphase flow /CFD International Nr. 113* (2001)

[50] Raoufi, A. ; Shams, M. ; Farzaneh, M. ; Ebrahimi, R.: Numerical simulation and optimization of fluid flow in cyclone vortex finder. In: *Chemical Engineering and Processing 47* (2007), S. 128–137

[51] Rentschler, W.: *Abscheidung und Druckverlust des Gaszyklons in Abhängigkeit von der Staubbeladung.* Düsseldorf : VDI Fortschrittsberichte, Reihe 3, Nr 242, 1991

[52] Röper, B. ; Seeber, J. ; Krohmer, B. ; Stamatelopoulos, G. N.: Operating Experience with Measures for the Improvement of the Cyclone Removal Efficiency. In: *Proc. 19th FBC Converence, paper no. 114 E* (May 21-24, 2006)

[53] Schmidt, P.: Ungewöhnliche Zyklonabscheider. In: *Chem.- Ing. Techn. 62 Nr. 7* (1990), S. 536–543

[54] Semedard, J.-C. ; Guilleux, E. *Cyclone separator smoke inlet trunking.* 2001

[55] Shalaby, H. H.: *On the potential of large eddy simulation to simulate cyclone separators.* Dissertation, Universität Chemnitz, 2007.

[56] Slack, M. D. ; Boysan, F.: Advances in Cyclone Modelling using Unstructured Grids. In: *Scandinavian FLUENT UGM Gothenburg* (1998)

[57] Sperling, T.: *Abscheidung hochviskoser Partikel mit Zyklonen.* Cuvillier Verlag, Dissertation Technische Universität Braunschweig, 2000

[58] Staudinger, G. ; Obermair, S. ; Meisl, C.: Treffsicherheit und Zuverlässigkeit der heutigen Zyklonberechnung. In: *VDI Berichte 1511* (1999), S. 1–23.

[59] Trefz, M.: *Die verschiedenen Abscheidevorgänge im höher und hoch beladenen Gaszyklon unter besonderer Berücksichtigung der Sekundärströmung.* Düsseldorf : VDI, 1992.

[60] Werther, J. ; Hartge, E. U. ; Rensner, D.: Meßtechniken für Gas/Feststoff-Wirbelschichtreaktoren. In: *Chemie-Ingenieur-Technik 62* (1990), S. 605–612.

[61] Wozniak, G. ; Schade, K.-P. ; Wozniak, K. ; Shalaby, H. H.: Über die Auslegung und den Entwicklungsstand von Zyklon-Abscheidern. In: *Forschung im Ingenieurwesen* (2007), S. 171–180

[62] Zenz, F.: Cyclone-Design Tips. In: *Chemical Engineering* (2001), S. 60–64.

[63] Zhongli, J. ; Xiaolin, W. ; Minxian, S.: Experimental research on the natural turning length in cyclones. In: *Proc. Filtech Europa* (1991)